合肥工业大学研究生精品教材建设项目
合肥工业大学图书出版专项基金资助项目

连续介质力学简明教程

主　编　吴枝根　李孝宝
副主编　詹春晓

合肥工业大学出版社

图书在版编目(CIP)数据

连续介质力学简明教程/吴枝根,李孝宝主编．—合肥：合肥工业大学出版社，2023.5

ISBN 978-7-5650-5255-2

Ⅰ.①连… Ⅱ.①吴… ②李… Ⅲ.①连续介质力学—研究生—教材 Ⅳ.①O33

中国国家版本馆 CIP 数据核字(2023)第 056129 号

连续介质力学简明教程

吴枝根　李孝宝　主编　　　　责任编辑　马栓磊

出　版	合肥工业大学出版社	**版　次**	2023 年 5 月第 1 版
地　址	合肥市屯溪路 193 号	**印　次**	2023 年 5 月第 1 次印刷
邮　编	230009	**开　本**	710 毫米×1010 毫米　1/16
电　话	出版中心:0551-62903120	**印　张**	11
	营销中心:0551-62903198	**字　数**	158 千字
网　址	www.hfutpress.com.cn	**印　刷**	安徽联众印刷有限公司
E-mail	hfutpress@163.com	**发　行**	全国新华书店

ISBN 978-7-5650-5255-2　　　　定价：48.00 元

前　言

连续介质力学是力学及相关专业学生需要学习和应用的一门重要课程，很多学生在学习过程中感到抽象并有一定难度。鉴于目前研究生开设的连续介质力学课程课时有限，不易找到合适的教材，编者编写了这本简易而实用的连续介质力学简明教程。

本书内容包含了连续介质力学的基础知识和经典理论，在内容安排和写作方法上由浅入深，易于读者理解。关于本书中使用的符号，国家标准《物理科学和技术中使用的数学符号》规定张量、矩阵、向量均用黑斜体表示，但这一表示方法的缺点是无法有效区分张量和矩阵，不易于相关概念的说明，且根据国家标准2017年第7号公告，该标准已经转化为推荐性标准，不再强制执行，因此本书采用国际通行的符号表示方法，将矩阵表示为黑正体。本书符号表示与同学科国际书刊一致性高，便于使用者对课程内容体系的掌握和应用。本书可作为力学及相关专业的研究生和高年级本科生教材，也可作为相关专业的教师、科研人员与工程技术人员的参考用书。

本书的出版受到合肥工业大学研究生精品教材建设项目的资助。

限于编者水平，书中难免存在疏漏和不当之处，敬请广大读者和有关专家批评指正。

目　录

第1章　绪　论

1.1　连续介质的概念

连续介质的经典概念来自数学。实数系是一个连续统，即在任意两个不同的实数之间总会存在另一个不同的实数。因此，任何两个不同的实数之间都有无穷多个实数。在现实世界中，时间可以用一个实数系 t 来表示，三维空间可以用三个实数系 x，y，z(或 x_1，x_2，x_3)来表示。因此，我们可以把时间和空间看成一个四维的连续统。

如果将连续统的概念推广到物质，我们可以说物质在空间是连续分布的。例如，用质量来度量物质的数量，假设一定的物质充满一定的空间 $\mathscr{R}_0$，如图 1.1 所示，$\mathscr{R}_0$ 中有一点 P 以及收敛于点 P 的子空间序列 $\mathscr{R}_1$，$\mathscr{R}_2$，…，$\mathscr{R}_n$，其中 $\mathscr{R}_0$ 包含 $\mathscr{R}_1$，$\mathscr{R}_1$ 包含 $\mathscr{R}_2$，……，P 是位于 $\mathscr{R}_n$ 中的一点。令 $\mathscr{R}_n$ 的体积为 V_n，V_n 包含的物质质量是 M_n，当 $n\to\infty$ 和 $V_n\to 0$ 时，若 M_n/V_n 存在，则此极限就定义为 P 点处质量分布的密度 ρ，即

$$\rho(P)=\lim_{\substack{n\to\infty\\ V_n\to 0}}\frac{M_n}{V_n} \tag{1.1}$$

若在 $\mathscr{R}_0$ 内处处都能定义密度，则可以说质量是连续分布的。类似的方

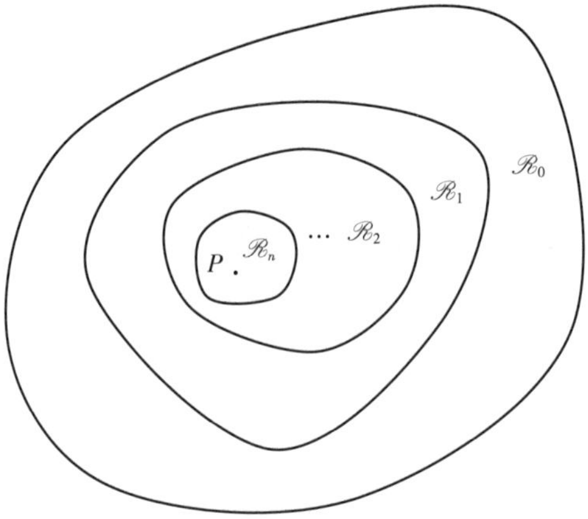

图 1.1　收敛于 P 点的空间域序列

法可用来定义动量密度、能量密度等。物质的连续统是指在数学意义上处处存在质量密度、动量密度和能量密度的物质，这是连续介质的经典定义。

考虑到绝大多数物质都是由原子和分子构成的，当 V_n 的线度小于原子尺度时，或者对于气体来说 V_n 的线度小于分子的平均自由程时，都将无法用式(1.1)来计算一点的密度。因此，如果严格遵守连续介质的经典定义，连续统的概念就很难应用于真实的物质，没有任何物质能够满足连续统要求，在这种情况下需要利用相似的方法定义连续介质。这一方法只要求 V_n 的大小有一定限制而不必趋于零，质点也不必与实数系具有一一对应的同构性，质点可以是离散的，质点间可以出现空穴。对于物质密度的概念，考察图 1.1 $\mathscr{R}_0$ 中的一点 P，当 $n\to\infty$ 时，V_n 的极限趋向于一个有限的正数 ω。设 $\mathscr{R}_n$ 中包含的物质的质量为 M_n，若当 $n\to\infty$ 时有 $\left|\rho-\dfrac{M_n}{V_n}\right|<\varepsilon$，则称比值 M_n/V_n 的序列具有一个带可接受的变动性 ε 的极限 ρ，而 ρ 称为 P 点处在限定的极限体积 ω 上具有可接受的变动性 ε 的物质密度。同理可以定义单位体积内质点的动量和能量，还可推广到面力、应力、应变等概念，每个定义都与

可接受的变动性和限定的长度、面积和体积有关。当明确了可接受的变动性和限定的极限长度、面积和体积后，就可以在空间 $\mathscr{R}_0$ 内的每一点上定义密度、动量、能量、应力和应变等，如果它们在 $\mathscr{R}_0$ 内的空间坐标系中全部都是连续函数，则我们说 $\mathscr{R}_0$ 内的物质是一种连续介质。

综上所述，连续介质可以理解为一系列微观上足够大而宏观上足够小的质点的连续集合，可以认为在每一时刻占有一个几何上的点并具有相应的各种物理量的统计宏观平均值，从而可以应用场论和张量分析等工具来研究介质的运动规律。

1.2　连续介质力学的研究内容

正如在力学范畴内，质点、刚体、弹性体、黏弹性体、弹塑性体、理想流体、牛顿黏性流体、非牛顿流体、电磁固体、电磁流体等是公认的从客观物质中抽象出来的关于物质理论模型；静态变形和理论分析，相对运动和动力分析，应力波和电磁波的传播，质量守恒和可变系统的运动，保守和耗散系统分析，稳定性、分叉和混沌的运动，确定性与随机性的运动等，便是从客观运动中抽象出来的关于运动的理论模型。不同材料模型和不同的运动方式，构成了力学中众多的分支学科。虽然这些分支学科各有特点，互不相同，但它们全体仍然服从一些共同的规律。将这些分支学科放到一起分析，找出它们的共有规律和不同规律，相互启发和借鉴，促进各学科发展，在更统一的基础上进行研究，这是连续介质力学最重要的研究内容之一。

连续介质力学的方程可分为两类：一类适用于所有物体，构成了自然界的普遍规律，如质量守恒定律、电荷守恒定律、能量守恒定律、牛顿运动方程、麦克斯韦电磁学方程、熵产率恒正原理等；另一类是各种物体特有的规律，构成各自的本构方程，不同的本构方程是各种材料相互区别的标志，是在相同环境下，物体具有不同运动的原因。虽然不同介质具有不同本构关系，但本构关系本身却满足一些共同的准则，如确定性原理、局部作用原理、客观性原理和衰减记忆原理等，自然界只存在符合其内在属性的本构关系。本构关系的探讨是连续介质力学的另一个重要的研究内容。

连续介质力学关注的是连续统的宏观性质，但近些年来通过引入内变量，迅速地将物质的宏观性质和微观结构相结合。内变量可以是物质内部真实的结构变量，如错位密度和形态缺陷浓度、相变程度、微裂纹的数量和形态等；也可以是综合反映内部结构变化的量，如塑性应变、剩余极化强度等。因此，借助于连续变化来研究物质内部结构演化的情况，连续介质力学便可应用到物质的微观力学、损伤力学和晶体塑性理论中。在研究物质的微观力学时，更好地发挥连续介质力学的作用，也是连续介质力学的一个重要的研究内容。

“连续介质力学”课程之所以重要，是因为它的主要研究内容顺应了当代力学研究的发展趋势，它是固体力学和流体力学的结合，可用于大变形问题和非线性问题的分析，关注复杂环境、极端条件以及与之相关联的多重因素的耦合作用。因此，连续介质力学是力学学科的“大统一”。在研究方法上，连续介质力学把现实物体抽象成理想模型，讨论它们的本构方程；把现实物体的运动抽象成理想模型的运动，利用数学和实验的方法，在外界环境作用下，精确描述物体的运动响应；将理论模型和实验结果相结合，探讨理论结果和现实运动在本质上的一致性。

1.3 连续介质力学的发展简史

1744 年， Leonhard Euler (1707—1783) 创立了变分法中的“Euler 方程”，给出了他对“弹性线(elastica)”问题的数学解答和压杆失稳问题的分析，因而成为研究稳定性问题的先驱。基于Euler对弹性力学的杰出贡献，一般认为连续介质力学始于 1744 年 Euler 的工作。1750 年 Euler 明确指出，连续介质力学的真正基础是将牛顿第二定律应用于微元体。1757年Euler又发表了三篇文章（*Principe generaux de l'etat d'equilibre des fluids*；*Principes generaux du movement des fluides*；*Continuation des recherrches sur la theorie du mouvement*），创立了无黏性的流体力学方程组，即Euler方程，该方程被认为是最早写下的一批微分方程，同时也被认为是非线性场论的第一个例子。随后在Navier，Cauchy，Poisson，Green，Lamé，Saint－Venant，Kirchhoff等一大批力学大师与数代人不懈努力和积淀的基础上，Lord Rayleigh(1842—1919）于1877年在其出版的《声学理论》（*The Theory of Sound*）中系统地总结了声学和弹性振动方面的研究成果。Horace Lamb(1849—1934）和Augustus E. H. Love(1863—1940）分别于1878年和1892—1893年出版了《流体运动的数学理论》（*Mathematical Theory of the Motion of Fluids*）和《弹性力学的数学理论》（*A Treatise on the Mathematical Theory of Elasticity*）两部经典著作，标志着连续介质力学在19世纪末已经创立。

1945年后，理性力学开始复兴，近代连续介质力学也开始逐渐发展起来。在随后的几十年中，连续介质力学主要研究连续介质的变形和运动，以及连续介质的热力学和本构关系；从20世纪70年代开始，连续介质力学扩展到材料的损伤、破坏和宏微观力学，成为近代力学最重要的基础之一。

连续介质力学近几十年来在深度和广度方面已取得了很大进展，并大致出现了如下几个发展方向：

(1) 按照理性力学的观点和方法研究连续介质和热力学理论，从而发展成为理性连续介质力学和理性热力学，以Truesdell为代表，先后出版了《理性连续介质力学初级教程》（*A First Course in Rational Continuum Mechanics*：*Volume I*）和《理性热力学》（*Rational Thermodynamics*），德冈辰雄出版了《理性连续介质力学入门》。

(2) 把近代连续介质力学的研究对象扩大，例如，考虑非局部、电磁、相对论、液晶、表面和界面等，从而发展成为连续统物理学，如 Eringen 出版了《连续统物理学》(*Continuum Physics*: *Volume I*) 和《非局部连续场论》(*Nonlocal Continuum Field Theories*), Gurtin 出版了《作为连续统物理学基本概念的构形力》(*Configurational Forces as Basic Concepts of Continuum Physics*), Hertel 出版了《连续统物理学》(*Continuum Physics*) 等。

(3) 生物力学和软物质物理力学是力学中近几十年发展很快的学科，以冯元桢为代表学者将生物力学纳入连续介质力学，拓展了其新的公理体系，如冯元桢出版了《连续介质力学初级教程》(*A First Course in Continuum Mechanics*), Capaldi 出版了《连续介质力学：结构和生物材料的本构模型》(*Continuum Mechanics*: *Constitutive Modeling of Structural and Biological Materials*) 等。连续介质力学已经在神经心理学和心脑科学中得到了大量的应用，发展前景十分广阔，临床应用也已大量开展。

(4) 和物理力学相结合，向多尺度、跨尺度方向发展，给出了连续介质力学体系的微观机理，例如，近几十年来发展的 Cauchy - Born 准则，联系了固体微观原子尺度变形和宏观连续体变形的基本运动学关系。如 Murdoch 出版了《连续介质力学的物理基础》(*Physical Foundations of Continuum Mechanics*), 赵亚溥出版了《表面与界面物理力学》和《纳米与介观力学》等。

第 2 章　矩阵与张量

矩阵代数是张量理论和连续介质力学的重要基础，矩阵代数的很多概念和定理在张量理论中都有对应关系。本章首先给出矩阵代数中的一些重要概念、运算法则与相关定理，然后再对张量理论中的一些概念和相关运算进行阐述。

2.1　矩阵

一个 $m\times n$ 矩阵表示由 $m\times n$ 个数 A_{ij}（$i=1$，2，…，m；$j=1$，2，…，n）排成的 m 行 n 列的数表：

$$\mathbf{A}=(A_{ij})=\begin{pmatrix} A_{11} & A_{12} & \cdots & A_{1n} \\ A_{21} & A_{22} & \cdots & A_{2n} \\ \vdots & \vdots & & \vdots \\ A_{m1} & A_{m2} & \cdots & A_{mn} \end{pmatrix} \tag{2.1}$$

式中，A_{ij} 为矩阵第 i 行第 j 列的元素，简称为元，符号 i 和 j 称为指标。

在连续介质力学中经常出现 3×3 方阵，3×1 列阵，以及 1×3 行阵。本书中通常将 3×3 方阵记为加粗罗马正体大写字母（如 **A**，**B**，**C** 等），3×1 列阵记为加粗罗马正体小写字母（如 **a**，**b**，**c** 等），1×3 行阵

记为 3×1 列阵的转置(如 $\mathbf{a}^{\mathrm{T}}$，$\mathbf{b}^{\mathrm{T}}$，$\mathbf{c}^{\mathrm{T}}$ 等)。在没有特别说明的情况下，指标的数值总是取为 1，2，3。

A 为对称矩阵是指

$$\mathbf{A}=\mathbf{A}^{\mathrm{T}}, \quad A_{ij}=A_{ji} \tag{2.2}$$

A 为反对称矩阵是指

$$\mathbf{A}=-\mathbf{A}^{\mathrm{T}}, \quad A_{ij}=-A_{ji} \tag{2.3}$$

反对称矩阵的主对角线元素全为零。

本书中 3×3 单位矩阵用 **I** 表示，其元素为 δ_{ij}，即

$$\mathbf{I}=\begin{bmatrix}1 & 0 & 0\\ 0 & 1 & 0\\ 0 & 0 & 1\end{bmatrix}=(\delta_{ij}) \quad (i,\ j=1,\ 2,\ 3) \tag{2.4}$$

式中，

$$\delta_{ij}=\begin{cases}1, & (i=j)\\ 0, & (i\neq j)\end{cases} \tag{2.5}$$

称为克罗内克 δ (Kronecker delta)，具体值为 $\delta_{11}=\delta_{22}=\delta_{33}=1$，$\delta_{12}=\delta_{21}=\delta_{13}=\delta_{31}=\delta_{23}=\delta_{32}=0$。$\delta_{ij}$ 有如下代换规则：

$$\sum_{j=1}^{3}\delta_{ij}A_{jk}=A_{ik}, \quad \sum_{j=1}^{3}\delta_{ij}A_{kj}=A_{ki} \tag{2.6}$$

矩阵 **A** 的迹为其对角线元素之和，表示为 tr **A**。因此

$$\mathrm{tr}\,\mathbf{A}=A_{11}+A_{22}+A_{33}=\sum_{i=1}^{3}A_{ii} \tag{2.7}$$

单位矩阵的迹为

$$\mathrm{tr}\,\mathbf{I}=\sum_{i=1}^{3}\delta_{ii}=3 \tag{2.8}$$

方阵 **A** 的行列式记为 det **A**。3×3 方阵的行列式可表示为

$$\det \mathbf{A} = \frac{1}{6}\sum_{i=1}^{3}\sum_{j=1}^{3}\sum_{k=1}^{3}\sum_{r=1}^{3}\sum_{s=1}^{3}\sum_{t=1}^{3} e_{ijk}e_{rst}A_{ir}A_{js}A_{kt} \tag{2.9}$$

式中，e_{ijk} 称为置换符号，其定义为

$$e_{ijk} = \begin{cases} 1, & i,\ j,\ k = 1,\ 2,\ 3;\ 2,\ 3,\ 1;\ 3,\ 1,\ 2 \\ -1, & i,\ j,\ k = 3,\ 2,\ 1;\ 2,\ 1,\ 3;\ 1,\ 3,\ 2 \\ 0, & i,\ j,\ k \text{ 有两个或三个相同时} \end{cases} \tag{2.10}$$

因此，名义上 e_{ijk} 有 27 个分量，但只有 6 个不为零，其余 21 个分量均为零，即

$$e_{123} = e_{231} = e_{312} = 1,$$

$$e_{312} = e_{132} = e_{321} = -1,$$

$$e_{111} = e_{112} = e_{113} = \cdots = 0$$

由此可得指标排列满足如下关系：

$$e_{ijk} = e_{jki} = e_{kij} = -e_{ikj} = -e_{jik} = -e_{kji} \tag{2.11}$$

当 $\det \mathbf{A} \neq 0$ 时，$\mathbf{A}$ 存在逆矩阵 $\mathbf{A}^{-1}$，满足 $\mathbf{A}\mathbf{A}^{-1} = \mathbf{A}^{-1}\mathbf{A} = \mathbf{I}$。

方阵 $\mathbf{Q}$ 为正交阵的条件是

$$\mathbf{Q}^{-1} = \mathbf{Q}^{\mathrm{T}} \tag{2.12}$$

因此，若 $\mathbf{Q}$ 为正交阵，则有

$$\mathbf{Q}\mathbf{Q}^{\mathrm{T}} = \mathbf{I}, \qquad \mathbf{Q}^{\mathrm{T}}\mathbf{Q} = \mathbf{I} \tag{2.13}$$

以及

$$\det \mathbf{Q} = \pm 1 \tag{2.14}$$

若 $\det \mathbf{Q} = 1$，则称 $\mathbf{Q}$ 为正常正交阵，坐标的旋转属于这一情形；若 $\det \mathbf{Q} = -1$，则称 $\mathbf{Q}$ 为非正常正交阵，坐标轴旋转后，再做对某一坐标面的反射变换，或者说从右手坐标系转换到左手坐标系即属此例。

如果 $\mathbf{Q}_1$ 和 $\mathbf{Q}_2$ 均为正交阵，则它们的乘积 $\mathbf{Q}_1\mathbf{Q}_2$ 也是正交阵，证明如下：

$$\mathbf{Q}_1\mathbf{Q}_2(\mathbf{Q}_1\mathbf{Q}_2)^{\mathrm{T}}=\mathbf{Q}_1\mathbf{Q}_2\mathbf{Q}_2^{\mathrm{T}}\mathbf{Q}_1^{\mathrm{T}}=\mathbf{Q}_1\mathbf{I}\mathbf{Q}_1^{\mathrm{T}}=\mathbf{I}$$

2.2 求和约定

考察笛卡尔直角坐标系(其轴分别为 x_1，x_2，x_3) 下方程组

$$\begin{aligned}A_{11}x_1+A_{12}x_2+A_{13}x_3&=b_1,\\A_{21}x_1+A_{22}x_2+A_{23}x_3&=b_2,\\A_{31}x_1+A_{32}x_2+A_{33}x_3&=b_3\end{aligned}\tag{2.15}$$

该方程组可写成

$$\sum_{i=1}^{3}A_{ij}x_j=b_i\tag{2.16}$$

引入求和约定，上述方程可简写成如下形式：

$$A_{ij}x_j=b_i\tag{2.17}$$

该约定规定，一个指标在一项内的重复就表示将该指标在其范围内遍历求和。本书中指标 i 和 j 总取为1，2，3。遍历求和的指标 j 称为哑指标，没有求和的指标 i 称为自由指标。

哑指标只意味求和，与采用什么符号表示无关，如 a_ix_i 与 a_jx_j 相同。因此，式(2.6) ～ 式(2.8) 可写成

$$\sum_{j=1}^{3}\delta_{ij}A_{jk}=\delta_{ij}A_{jk}=A_{ik},\qquad\sum_{j=1}^{3}\delta_{ij}A_{kj}=\delta_{ij}A_{kj}=A_{ki}$$

$$\mathrm{tr}\,\mathbf{A}=A_{11}+A_{22}+A_{33}=\sum_{i=1}^{3}A_{ii}=A_{ii}$$

$$\mathrm{tr}\,\mathbf{I}=\delta_{ii}=3$$

式(2.9)可写成

$$\det \mathbf{A} = \frac{1}{6} e_{ijk} e_{rst} A_{ir} A_{js} A_{kt} = e_{ijk} A_{i1} A_{j2} A_{k3} \tag{2.18}$$

式(2.18)包含 $3^6 = 729$ 项，而 e_{ijk} 只有 6 个不为零的项。再如：

(a) 若 $\mathbf{A} = (A_{ij})$，$\mathbf{B} = (B_{ij})$，则它们的乘积 $\mathbf{AB}$ 的第 i 行第 j 列元素为 $\sum_{k=1}^{3} A_{ik} B_{kj}$，即 $A_{ik} B_{kj}$。

(b) 在(a)中假设 $\mathbf{B} = \mathbf{A}^{\mathrm{T}}$ 即 $B_{ij} = A_{ji}$，则 $\mathbf{AA}^{\mathrm{T}}$ 的第 i 行第 j 列元素为 $A_{ik} A_{jk}$；特别地，当 $\mathbf{A}$ 为正交阵时，$\mathbf{A} = \mathbf{Q} = (Q_{ij})$，$\mathbf{QQ}^{\mathrm{T}} = \mathbf{I}$ 可表示为

$$Q_{ik} Q_{jk} = \delta_{ij}, \qquad Q_{ki} Q_{kj} = \delta_{ij} \tag{2.19}$$

(c) 两个列矩阵 $\mathbf{x}$ 和 $\mathbf{y}$ 的线性关系

$$\mathbf{x} = \mathbf{Ay} \tag{2.20}$$

可用分量表示为

$$x_i = A_{ij} y_j \tag{2.21}$$

若 $\mathbf{A}$ 非奇异，则有 $\mathbf{y} = \mathbf{A}^{-1} \mathbf{x}$。特别地，当 $\mathbf{A}$ 为正交阵 $\mathbf{Q}$ 时，则有

$$\mathbf{x} = \mathbf{Qy}, \qquad x_i = Q_{ij} y_j$$

$$\mathbf{y} = \mathbf{Q}^{-1} \mathbf{x} = \mathbf{Q}^{\mathrm{T}} \mathbf{x}, \qquad y_i = Q_{ji} x_j$$

(d) $\mathbf{AB}$ 的迹可用其第 i 行第 j 列元素 $A_{ik} B_{kj}$，设定 $i = j$ 得到，即

$$\mathrm{tr}\, \mathbf{AB} = A_{ik} B_{ki} \tag{2.22}$$

(e) 若 $\mathbf{a}$ 和 $\mathbf{b}$ 均为列阵

$$\mathbf{a} = (a_1 \quad a_2 \quad a_3)^{\mathrm{T}}, \qquad \mathbf{b} = (b_1 \quad b_2 \quad b_3)^{\mathrm{T}}$$

则 $\mathbf{a}^{\mathrm{T}} \mathbf{b}$ 是一个 1×1 矩阵，其元素为

$$a_1 b_1 + a_2 b_2 + a_3 b_3 = \sum_{i=1}^{3} a_i b_i = a_i b_i \tag{2.23}$$

(f) 若 $\mathbf{a}$ 为列阵，$\mathbf{A}$ 为 3×3 方阵，则 $\mathbf{Aa}$ 为一个 3×1 列阵，其第 i 行

元素为

$$\sum_{j=1}^{3} A_{ij} a_j = A_{ij} a_j$$

(g) δ-e 恒等式。克罗内克 δ 和置换符号 e 之间存在下列重要关系：

$$\begin{vmatrix} \delta_{i1} & \delta_{i2} & \delta_{i3} \\ \delta_{j1} & \delta_{j2} & \delta_{j3} \\ \delta_{k1} & \delta_{k2} & \delta_{k3} \end{vmatrix} = e_{ijk}, \quad \begin{vmatrix} \delta_{ir} & \delta_{is} & \delta_{it} \\ \delta_{jr} & \delta_{js} & \delta_{jt} \\ \delta_{kr} & \delta_{ks} & \delta_{kt} \end{vmatrix} = e_{ijk} e_{rst} \tag{2.24}$$

$$e_{ijp} e_{ijq} = 2\delta_{pq}, \quad e_{ijp} e_{rsp} = \delta_{ir}\delta_{js} - \delta_{is}\delta_{jr} \tag{2.25}$$

以上关系可以通过实际演算来验证。实际上，式(2.25) 是式(2.24) 的结果。由式(2.18) 和式(2.24) 可得到一个有用的关系：

$$e_{mpq} \det \mathbf{A} = e_{ijk} A_{im} A_{jp} A_{kq} \tag{2.26}$$

一个自由指标每次可取 1，2，3 其中之一，因此也就代表指标取值范围的全体，如式(2.17) 就代表了三个方程式。

应该注意，在一个公式中各项的自由指标必须相同。例如，下列各式是有意义的：

$$a_i + b_i = c_i,$$

$$a_i + b_i c_j d_j = 0,$$

$$D_{ik} = B_{ij} C_{jk}$$

但下列各式是非法的：

$$a_i + b_j = c_i,$$

$$T_{ij} = T_{ik},$$

$$D_{ik} = B_{ij} C_{jm}$$

另外，尽管不能改变公式中某一项的自由指标，但公式中所有项的自由指标是可以同时改变的。例如，可以将式(2.17) 中各项的自由指标 i 同时改为 k，得到 $A_{kj}x_j=b_k$，此式与式(2.17) 等价。

2.3　特征值和特征向量

在连续介质力学中，常会出现下列形式的齐次代数方程：

$$\mathbf{Ax}=\lambda\mathbf{x}\quad 或 \quad (\mathbf{A}-\lambda\mathbf{I})\mathbf{x}=\mathbf{0} \tag{2.27}$$

式中，$\mathbf{A}$ 是 3×3 方阵，$\mathbf{x}$ 是 3×1 列阵。要使式(2.27) 有非零解，必须使 $\mathbf{x}$ 前系数的行列式为零，即

$$\det(\mathbf{A}-\lambda\mathbf{I})=0 \tag{2.28}$$

式(2.28) 称为 $\mathbf{A}$ 的特征方程，$\mathbf{A}-\lambda\mathbf{I}$ 称为 $\mathbf{A}$ 的特征矩阵，$\det(\mathbf{A}-\lambda\mathbf{I})$ 称为 $\mathbf{A}$ 的特征多项式。特征方程(2.28) 展开后成为一个关于 λ 的三次方程，它的三个根 λ_1，λ_2，λ_3(一般按大小顺序排列)，称为 $\mathbf{A}$ 的特征值。特征值存在下列关系：

(a) 由于 $\det(\mathbf{A}-\lambda\mathbf{I})=\det(\mathbf{A}-\lambda\mathbf{I})^{\mathrm{T}}=\det(\mathbf{A}^{\mathrm{T}}-\lambda\mathbf{I})$，所以 $\mathbf{A}$ 和 $\mathbf{A}^{\mathrm{T}}$ 具有相同的特征多项式，故有相同的特征值。

(b) 由 $(\mathbf{A}-\lambda\mathbf{I})\mathbf{x}=\mathbf{0}$ 推知 $(\lambda^{-1}\mathbf{I}-\mathbf{A}^{-1})\lambda\mathbf{Ax}=\mathbf{0}$，所以 $\mathbf{A}^{-1}$ 的特征值为 λ^{-1}，特征向量为 $\mathbf{Ax}$。

(c) 设 $\mathbf{P}$ 为一非奇异阵，则称 $\mathbf{B}=\mathbf{P}^{-1}\mathbf{AP}$ 和 $\mathbf{A}$ 相似。由于 $\det(\mathbf{B}-\lambda\mathbf{I})=\det(\mathbf{P}^{-1}\mathbf{AP}-\lambda\mathbf{I})=\det(\mathbf{A}-\lambda\mathbf{I})$，所以相似的两个矩阵 $\mathbf{B}$ 和 $\mathbf{A}$ 有相同的特征多项式，因而有相同的特征值。但应注意，有相同特征值的矩阵不一定相似。

(d) 由于 $\mathbf{Ax}=\lambda\mathbf{x}$，所以 $\mathbf{A}^2\mathbf{x}=\lambda\mathbf{Ax}=\lambda^2\mathbf{x}$，进一步推出 $\mathbf{A}^n\mathbf{x}=\lambda^n\mathbf{x}$，即，若 λ 是 $\mathbf{A}$ 的特征值，则 λ^n 是 $\mathbf{A}^n$ 的特征值，且 $\mathbf{x}$ 为相应的特征向量。

若 λ_1，λ_2，λ_3 互不相等，例如：

$$(\mathbf{A}-\lambda_1\mathbf{I})\mathbf{x}=\mathbf{0}$$

有非零解 $\mathbf{x}^{(1)}$，列阵 $\mathbf{x}^{(1)}$ 是矩阵 $\mathbf{A}$ 关于特征值 λ_1 的特征向量。同样地，列阵 $\mathbf{x}^{(2)}$ 和 $\mathbf{x}^{(3)}$ 分别为矩阵 $\mathbf{A}$ 关于 λ_2 和 λ_3 的特征向量。

因 λ_1，λ_2，λ_3 是式(2.28)的三个根，式(2.28)左端可写成

$$\det(\mathbf{A}-\lambda\mathbf{I})=(\lambda_1-\lambda)(\lambda_2-\lambda)(\lambda_3-\lambda) \tag{2.29}$$

该等式对于任意 λ 都成立。令 $\lambda=0$，可得

$$\det(\mathbf{A}-0\mathbf{I})=\lambda_1\lambda_2\lambda_3$$

即

$$\det\mathbf{A}=\lambda_1\lambda_2\lambda_3 \tag{2.30}$$

假设 $\mathbf{A}$ 是一个实对称矩阵，其特征值 λ_1 和特征向量 $\mathbf{x}^{(1)}$ 为复数，其共轭为 $\bar{\lambda}_1$ 和 $\bar{\mathbf{x}}^{(1)}$，则

$$\mathbf{A}\mathbf{x}^{(1)}=\lambda_1\mathbf{x}^{(1)} \tag{2.31}$$

将式(2.31)转置，并取其共轭，得

$$\bar{\mathbf{x}}^{(1)\mathrm{T}}\mathbf{A}=\bar{\lambda}_1\,\bar{\mathbf{x}}^{(1)\mathrm{T}} \tag{2.32}$$

分别将式(2.31)左乘 $\bar{\mathbf{x}}^{(1)\mathrm{T}}$ 和将式(2.32)右乘 $\mathbf{x}^{(1)}$，得

$$\bar{\mathbf{x}}^{(1)\mathrm{T}}\mathbf{A}\mathbf{x}^{(1)}=\bar{\mathbf{x}}^{(1)\mathrm{T}}\lambda_1\mathbf{x}^{(1)},$$

$$\bar{\mathbf{x}}^{(1)\mathrm{T}}\mathbf{A}\mathbf{x}^{(1)}=\bar{\lambda}_1\,\bar{\mathbf{x}}^{(1)\mathrm{T}}\mathbf{x}^{(1)}$$

将以上两式相减可得

$$(\bar{\lambda}_1-\lambda_1)\,\bar{\mathbf{x}}^{(1)\mathrm{T}}\mathbf{x}^{(1)}=\mathbf{0} \tag{2.33}$$

因 $\mathbf{x}^{(1)}$ 为非零解，故 $\bar{\mathbf{x}}^{(1)\mathrm{T}}\mathbf{x}^{(1)}\neq\mathbf{0}$，因此

$$\lambda_1=\bar{\lambda}_1$$

这就证明了实对称矩阵的特征值总是实数。

由式(2.31)知

$$\mathbf{x}^{(2)\mathrm{T}}\mathbf{A}\mathbf{x}^{(1)}=\lambda_1\mathbf{x}^{(2)\mathrm{T}}\mathbf{x}^{(1)} \tag{2.34}$$

类似地，可得

$$\mathbf{x}^{(1)\mathrm{T}}\mathbf{A}\mathbf{x}^{(2)}=\lambda_2\mathbf{x}^{(1)\mathrm{T}}\mathbf{x}^{(2)} \tag{2.35}$$

式(3.34)转置 $\mathbf{x}^{(1)\mathrm{T}}\mathbf{A}\mathbf{x}^{(2)}=\lambda_1\mathbf{x}^{(1)\mathrm{T}}\mathbf{x}^{(2)}$，减去式(3.35)，得

$$(\lambda_1-\lambda_2)\mathbf{x}^{(1)\mathrm{T}}\mathbf{x}^{(2)}=\mathbf{0} \tag{2.36}$$

因此，若特征值不等，即 $\lambda_1\neq\lambda_2$，则

$$\mathbf{x}^{(1)\mathrm{T}}\mathbf{x}^{(2)}=\mathbf{0}$$

说明对应的两个特征向量 $\mathbf{x}^{(1)}$ 和 $\mathbf{x}^{(2)}$ 正交。

对于任意两个不等的特征值 λ_r 和 λ_s，有

$$\mathbf{x}^{(r)\mathrm{T}}\mathbf{x}^{(s)}=\mathbf{0}\quad(r\neq s) \tag{2.37}$$

通过归一化各特征向量，有

$$\mathbf{x}^{(r)\mathrm{T}}\mathbf{x}^{(s)}=\mathbf{I}\quad(r=s) \tag{2.38}$$

若 λ_1，λ_2，λ_3 中有两个相同，即特征方程有二重根，则对于两个相同的特征值存在两个独立的特征向量，在两个向量所构成的平面内的任一非零向量都是特征向量，因此总可任选一对正交归一化的特征向量。对于三重根有相似情况，可任选三个两两正交归一化的特征向量。

用正交归一化的三个特征向量 $\mathbf{x}^{(1)}$，$\mathbf{x}^{(2)}$，$\mathbf{x}^{(3)}$ 构造 $\mathbf{P}$ 的转置矩阵，即

$$\mathbf{P}^{\mathrm{T}}=(\mathbf{x}^{(1)}\quad\mathbf{x}^{(2)}\quad\mathbf{x}^{(3)}) \tag{2.39}$$

因此有 $\mathbf{P}\mathbf{P}^{\mathrm{T}}=\mathbf{I}$，故 $\mathbf{P}$ 是正交阵。利用式(2.31)，即 $\mathbf{A}\mathbf{x}^{(1)}=\lambda_1\mathbf{x}^{(1)}$，可得

$$\mathbf{A}\mathbf{P}^{\mathrm{T}}=(\mathbf{A}\mathbf{x}^{(1)}\quad\mathbf{A}\mathbf{x}^{(2)}\quad\mathbf{A}\mathbf{x}^{(3)})=(\lambda_1\mathbf{x}^{(1)}\quad\lambda_2\mathbf{x}^{(2)}\quad\lambda_3\mathbf{x}^{(3)}) \tag{2.40}$$

最后得到

$$\mathbf{P}\mathbf{A}\mathbf{P}^{\mathrm{T}}=\begin{pmatrix}\lambda_1 & 0 & 0\\ 0 & \lambda_2 & 0\\ 0 & 0 & \lambda_3\end{pmatrix} \tag{2.41}$$

2.4 Cayley - Hamilton 定理

首先分析 3×3 方阵 **A** 的特征方程的一般形式。由式(2.41) 知

$$\mathrm{tr}\,\mathbf{PAP}^{\mathrm{T}}=\lambda_1+\lambda_2+\lambda_3,\qquad \mathrm{tr}\,(\mathbf{PAP}^{\mathrm{T}})^2=\lambda_1^2+\lambda_2^2+\lambda_3^2$$

其中 **P** 为正交阵，根据式(2.19)，即 $Q_{ik}Q_{jk}=\delta_{ij}$，$Q_{ki}Q_{kj}=\delta_{ij}$，得

$$\mathrm{tr}\,\mathbf{PAP}^{\mathrm{T}}=P_{ij}A_{jk}P_{ik}=\delta_{jk}A_{jk}=A_{kk}=\mathrm{tr}\,\mathbf{A},$$

$$\begin{aligned}\mathrm{tr}(\mathbf{PAP}^{\mathrm{T}})^2&=\mathrm{tr}\,\mathbf{PAP}^{\mathrm{T}}\mathbf{PAP}^{\mathrm{T}}=\mathrm{tr}\,\mathbf{PAIAP}^{\mathrm{T}}=\mathrm{tr}\,\mathbf{PA}^2\mathbf{P}^{\mathrm{T}}\\&=P_{ij}A_{jp}A_{pk}P_{ik}=\delta_{jk}A_{jp}A_{pk}=A_{kp}A_{pk}=\mathrm{tr}\,\mathbf{A}^2\end{aligned}$$

因此，

$$\lambda_1+\lambda_2+\lambda_3=\mathrm{tr}\,\mathbf{A},\qquad \lambda_1^2+\lambda_2^2+\lambda_3^2=\mathrm{tr}\,\mathbf{A}^2 \tag{2.42}$$

由式(2.28) 和式(2.29) 知

$$\lambda^3-(\lambda_1+\lambda_2+\lambda_3)\lambda^2+(\lambda_2\lambda_3+\lambda_3\lambda_1+\lambda_1\lambda_2)\lambda-\lambda_1\lambda_2\lambda_3=0$$

又由式(2.30) 和式(2.42) 知，特征方程表示为

$$\lambda^3-\lambda^2\mathrm{tr}\,\mathbf{A}+\frac{1}{2}\lambda[(\mathrm{tr}\,\mathbf{A})^2-\mathrm{tr}\,\mathbf{A}^2]-\det\mathbf{A}=0 \tag{2.43}$$

Cayley - Hamilton 定理

设 n 阶方阵 **A** 的特征多项式为

$$f(\lambda)=\det(\lambda\mathbf{I}-\mathbf{A})=\lambda^n+a_{n-1}\lambda^{n-1}+\cdots+a_1\lambda+a_0 \tag{2.44}$$

则 **A** 满足如下方程：

$$f(\mathbf{A})=\mathbf{A}^n+a_{n-1}\mathbf{A}^{n-1}+\cdots+a_1\mathbf{A}+a_0\mathbf{I}=\mathbf{0} \tag{2.45}$$

上式称为Cayley-Hamilton定理。由这一定理可知，对 n 阶方阵 **A**，任何 **A** 的 n 次幂及 n 次幂以上的项均可用 $n-1$ 次幂及 $n-1$ 次幂以下的项表示，该定理可用于简化物体的本构方程。证明如下：

令 $\mathbf{B}=\lambda\mathbf{I}-\mathbf{A}$，它的伴随矩阵 $\mathbf{B}^*$ 可写成

$$\mathbf{B}^*=\lambda^{n-1}\mathbf{B}_0+\lambda^{n-2}\mathbf{B}_1+\cdots+\lambda\mathbf{B}_{n-2}+\mathbf{B}_{n-1}$$

式中，$\mathbf{B}_{n-1}$，…，$\mathbf{B}_0$ 均为 $n\times n$ 的常数矩阵。由伴随矩阵的定义和式(2.44)知

$$\mathbf{B}\mathbf{B}^*=f(\lambda)\mathbf{I}$$

或

$$\lambda^n\mathbf{B}_0+\lambda^{n-1}(\mathbf{B}_1-\mathbf{B}_0\mathbf{A})+\lambda^{n-2}(\mathbf{B}_2-\mathbf{B}_1\mathbf{A})+\cdots$$
$$+\lambda(\mathbf{B}_{n-1}-\mathbf{B}_{n-2}\mathbf{A})-\mathbf{B}_{n-1}\mathbf{A}=(\lambda^n+a_{n-1}\lambda^{n-1}+\cdots+a_1\lambda+a_0)\mathbf{I}$$

使上式中 λ 的同次幂的系数相同，可得

$$\mathbf{B}_0=\mathbf{I},\quad \mathbf{B}_1-\mathbf{B}_0\mathbf{A}=a_{n-1}\mathbf{I},\quad \mathbf{B}_2-\mathbf{B}_1\mathbf{A}=a_{n-2}\mathbf{I},\ \cdots,$$
$$\mathbf{B}_{n-1}-\mathbf{B}_{n-2}\mathbf{A}=a_1\mathbf{I},\quad -\mathbf{B}_{n-1}\mathbf{A}=a_0\mathbf{I}$$

依次用 $\mathbf{A}^n$，$\mathbf{A}^{n-1}$，…，$\mathbf{A}$，$\mathbf{I}$ 右乘上式各项后可得

$$\begin{gathered}\mathbf{B}_0\mathbf{A}^n=\mathbf{A}^n,\quad \mathbf{B}_1\mathbf{A}^{n-1}-\mathbf{B}_0\mathbf{A}^n=a_{n-1}\mathbf{A}^{n-1},\\ \mathbf{B}_2\mathbf{A}^{n-2}-\mathbf{B}_1\mathbf{A}^{n-1}=a_{n-2}\mathbf{A}^{n-2},\ \cdots,\\ \mathbf{B}_{n-1}\mathbf{A}-\mathbf{B}_{n-2}\mathbf{A}^2=a_1\mathbf{A},\quad -\mathbf{B}_{n-1}\mathbf{A}=a_0\mathbf{I}\end{gathered}\tag{2.46}$$

把式(2.46)中各等式的左右两边分别相加，便可得出式(2.45)。特别地，当 $n=3$ 时，有

$$\mathbf{A}^3-\mathbf{A}^2\mathrm{tr}\,\mathbf{A}+\frac{1}{2}\mathbf{A}[(\mathrm{tr}\,\mathbf{A})^2-\mathrm{tr}\,\mathbf{A}^2]-\mathbf{I}\det\mathbf{A}=\mathbf{0}\tag{2.47}$$

2.5　极分解定理

$\mathbf{A}$ 为一个实对称矩阵，对于任意非零列阵 $\mathbf{x}$，若 $\mathbf{x}^{\mathrm{T}}\mathbf{A}\mathbf{x}$ 总保持为正，则称 $\mathbf{A}$ 是正定的。$\mathbf{A}$ 正定的充要条件是 $\mathbf{A}$ 的特征值全为正。

极分解定理

任一非奇异方阵 $\mathbf{F}$ 可唯一地分解成下列两种形式之一：

$$\mathbf{F}=\mathbf{RU},\qquad \mathbf{F}=\mathbf{VR} \tag{2.48}$$

其中，$\mathbf{R}$ 为正交矩阵，$\mathbf{U}$ 和 $\mathbf{V}$ 是实对称矩阵。证明如下：

令 $\mathbf{C}=\mathbf{F}^{\mathrm{T}}\mathbf{F}$，$\bar{\mathbf{x}}=\mathbf{Fx}$，则 $\mathbf{C}$ 为对称阵，且

$$\mathbf{x}^{\mathrm{T}}\mathbf{Cx}=\mathbf{x}^{\mathrm{T}}\mathbf{F}^{\mathrm{T}}\mathbf{Fx}=\bar{\mathbf{x}}^{\mathrm{T}}\bar{\mathbf{x}}$$

$\bar{\mathbf{x}}^{\mathrm{T}}\bar{\mathbf{x}}$ 是平方和，对于所有非零列阵 $\bar{\mathbf{x}}$ 都为正，故有 $\mathbf{x}^{\mathrm{T}}\mathbf{Cx}$ 对于所有非零列阵 $\mathbf{x}$ 都为正。因此，$\mathbf{C}$ 为正定阵，特征值全为正。将其特征值记为 λ_1^2，λ_2^2，λ_3^2；λ_1，λ_2，λ_3 为特征值的算术平方根，亦为正。取 $\mathbf{P}^{\mathrm{T}}$ 的列为 $\mathbf{C}$ 的正则化特征向量，则 $\mathbf{P}$ 为正交阵，且

$$\mathbf{PCP}^{\mathrm{T}}=\begin{bmatrix}\lambda_1^2 & 0 & 0\\ 0 & \lambda_2^2 & 0\\ 0 & 0 & \lambda_3^2\end{bmatrix}$$

现在定义

$$\mathbf{U}=\mathbf{P}^{\mathrm{T}}\begin{bmatrix}\lambda_1 & 0 & 0\\ 0 & \lambda_2 & 0\\ 0 & 0 & \lambda_3\end{bmatrix}\mathbf{P} \tag{2.49}$$

则 $\mathbf{U}$ 为对称正定矩阵。又因为 $\mathbf{P}$ 为正交矩阵，因此有

$$\mathbf{U}^2=\mathbf{P}^{\mathrm{T}}\begin{bmatrix}\lambda_1^2 & 0 & 0\\ 0 & \lambda_2^2 & 0\\ 0 & 0 & \lambda_3^2\end{bmatrix}\mathbf{P}=\mathbf{C} \tag{2.50}$$

再定义 $\mathbf{R}=\mathbf{FU}^{-1}$。为证明第一个分解存在，有必要说明 $\mathbf{R}$ 为正交阵。

由式(2.48) 和式(2.50) 可得

$$\mathbf{R}^{\mathrm{T}}\mathbf{R}=\mathbf{U}^{-1}\mathbf{F}^{\mathrm{T}}\mathbf{F}\mathbf{U}^{-1}=\mathbf{U}^{-1}\mathbf{C}\mathbf{U}^{-1}=\mathbf{U}^{-1}\mathbf{U}^{2}\mathbf{U}^{-1}=\mathbf{I}$$

即 $\mathbf{R}$ 为正交阵。

将 $\mathbf{V}$ 定义为 $\mathbf{V}=\mathbf{R}\mathbf{U}\mathbf{R}^{\mathrm{T}}$，则有 $\mathbf{R}\mathbf{U}=\mathbf{V}(\mathbf{R}^{\mathrm{T}})^{-1}=\mathbf{V}\mathbf{R}$，因此有 $\mathbf{F}=\mathbf{V}\mathbf{R}$。

现证明唯一性。假设存在另一分解 $\mathbf{F}=\mathbf{R}_1\mathbf{U}_1$，$\mathbf{R}_1$ 正交，$\mathbf{U}_1$ 正定，则$\mathbf{U}_1^2=\mathbf{C}$，且

$$\mathbf{P}\mathbf{U}_1^2\mathbf{P}^{\mathrm{T}}=(\mathbf{P}\mathbf{U}_1\mathbf{P}^{\mathrm{T}})(\mathbf{P}\mathbf{U}_1\mathbf{P}^{\mathrm{T}})=\begin{pmatrix}\lambda_1^2 & 0 & 0\\ 0 & \lambda_2^2 & 0\\ 0 & 0 & \lambda_3^2\end{pmatrix}$$

因此，

$$\mathbf{P}\mathbf{U}_1\mathbf{P}^{\mathrm{T}}=\begin{pmatrix}\pm\lambda_1 & 0 & 0\\ 0 & \pm\lambda_2 & 0\\ 0 & 0 & \pm\lambda_3\end{pmatrix},\quad \mathbf{U}_1=\mathbf{P}^{\mathrm{T}}\begin{pmatrix}\pm\lambda_1 & 0 & 0\\ 0 & \pm\lambda_2 & 0\\ 0 & 0 & \pm\lambda_3\end{pmatrix}\mathbf{P}$$

只有一个 $\mathbf{U}_1$ 是正定的，因此 $\mathbf{U}_1=\mathbf{U}$，因而 $\mathbf{R}$ 和 $\mathbf{V}$ 也是唯一的。

在变形理论中 $\mathbf{R}$ 代表纯转动，$\mathbf{U}$ 和 $\mathbf{V}$ 取成 $\mathbf{C}$ 和 $\mathbf{B}$ 的平方根，和转动无关，代表纯粹的变形。

2.6　向量

在三维欧氏空间中，向量是既有大小又有方向的量，本书中用加粗罗马斜体小写字母表示，如 $\boldsymbol{a}$，$\boldsymbol{b}$，$\boldsymbol{x}$ 等。在笛卡尔直角坐标系中，单位基向量分别记为 $\boldsymbol{e}_1$，$\boldsymbol{e}_2$，$\boldsymbol{e}_3$。向量 $\boldsymbol{a}$ 可表示为

$$\boldsymbol{a}=a_1\boldsymbol{e}_1+a_2\boldsymbol{e}_2+a_3\boldsymbol{e}_3=a_i\boldsymbol{e}_i \tag{2.51}$$

a_i 为 $\boldsymbol{a}$ 在给定坐标系下的分量，分量与向量模（大小）的关系为

$$a^2=a_1^2+a_2^2+a_3^2=a_ia_i \tag{2.52}$$

一个向量可以用一个点 P 相对于坐标原点 O 的位置向量 $\boldsymbol{x}$ 来表示，$\boldsymbol{x}$ 的分量 x_1，x_2，x_3 为点 P 在给定坐标系中的分量，$\boldsymbol{x}$ 的模是 OP 的长度。

若向量 $\boldsymbol{a}$ 和 $\boldsymbol{b}$ 的夹角记为 θ，则其标量积定义为

$$\boldsymbol{a}\cdot\boldsymbol{b}=ab\cos\theta=a_1b_1+a_2b_2+a_3b_3=a_ib_i \tag{2.53}$$

若 $\boldsymbol{a}$，$\boldsymbol{b}$ 平行，则 $\boldsymbol{a}\cdot\boldsymbol{b}=ab$ 或 $-ab$；若 $\boldsymbol{a}$，$\boldsymbol{b}$ 垂直，则 $\boldsymbol{a}\cdot\boldsymbol{b}=0$。特别地，对于基向量，有

$$\boldsymbol{e}_i\cdot\boldsymbol{e}_j=\begin{cases}0, & (i\neq j)\\ 1, & (i=j)\end{cases}$$

即

$$\boldsymbol{e}_i\cdot\boldsymbol{e}_j=\delta_{ij} \tag{2.54}$$

向量 $\boldsymbol{a}$ 和 $\boldsymbol{b}$ 的向量积为

$$\boldsymbol{a}\times\boldsymbol{b}=\begin{vmatrix}\boldsymbol{e}_1 & \boldsymbol{e}_2 & \boldsymbol{e}_3\\ a_1 & a_2 & a_3\\ b_1 & b_2 & b_3\end{vmatrix} \tag{2.55}$$

向量积是一个向量，其模为 $ab\sin\theta$，方位垂直于 $\boldsymbol{a}$，$\boldsymbol{b}$ 所在面，指向由右手法则确定。利用置换符号 e_{ijk}，式(3.5) 可写成

$$\boldsymbol{a}\times\boldsymbol{b}=e_{ijk}\boldsymbol{e}_i a_j b_k \tag{2.56}$$

向量 $\boldsymbol{a}$，$\boldsymbol{b}$ 和 $\boldsymbol{c}$ 的混合积为

$$(\boldsymbol{a}\times\boldsymbol{b})\cdot\boldsymbol{c}=\begin{vmatrix}a_1 & a_2 & a_3\\ b_1 & b_2 & b_3\\ c_1 & c_2 & c_3\end{vmatrix} \tag{2.57}$$

2.7　坐标变换

向量是一个独立于任何坐标系的量，引入坐标系，向量就可用该坐标系下的分量表示，同一向量在不同坐标系中有不同的分量。在给定坐标系中，向量的分量可用列阵表示，这个列阵在该坐标系就是一个具体的向量。

假如坐标系平移，但不转动，新坐标系原点为 O'，O' 相对于 O 的位置向量为 $\boldsymbol{x}_0$，则点 P 相对于点 O' 的位置向量 $\boldsymbol{x}'$ 为

$$\boldsymbol{x}' = \boldsymbol{x} - \boldsymbol{x}_0$$

因为坐标只平移，基向量 $\boldsymbol{e}_1$，$\boldsymbol{e}_2$，$\boldsymbol{e}_3$ 不变，向量在新旧坐标系下的分量也不变。

引入一个新的笛卡尔直角坐标系，原点仍为 O，基向量为 $\bar{\boldsymbol{e}}_1$，$\bar{\boldsymbol{e}}_2$，$\bar{\boldsymbol{e}}_3$。新坐标系可视为旧坐标系绕原点 O 做刚性转动而成。$\boldsymbol{a}$ 在旧坐标系中分量为 a_i，在新坐标系中分量为 $\bar{a}_i$，则

$$\boldsymbol{a} = a_i\boldsymbol{e}_i = \bar{a}_i\bar{\boldsymbol{e}}_i \tag{2.58}$$

用 $M_{ij}(i, j=1, 2, 3)$ 表示 $\bar{\boldsymbol{e}}_i$ 和 $\boldsymbol{e}_j$ 夹角的方向余弦，故

$$M_{ij} = \bar{\boldsymbol{e}}_i \cdot \boldsymbol{e}_j \tag{2.59}$$

因而 M_{ij} 就是新坐标系中基向量 $\bar{\boldsymbol{e}}_i$ 在旧坐标系中基向量 $\boldsymbol{e}_j$ 上的分量，即

$$\bar{\boldsymbol{e}}_i = M_{ij}\boldsymbol{e}_j \tag{2.60}$$

需要注意的是，9 个 M_{ij} 不是相互独立的，因为 $\bar{\boldsymbol{e}}_i$ 为相互正交的单位向量，故有 $\bar{\boldsymbol{e}}_i \cdot \bar{\boldsymbol{e}}_j = \delta_{ij}$。然而，由式(2.54)和式(2.60)知

$$\bar{\boldsymbol{e}}_i \cdot \bar{\boldsymbol{e}}_j = M_{ir}\boldsymbol{e}_r \cdot M_{js}\boldsymbol{e}_s = M_{ir}M_{js}\boldsymbol{e}_r \cdot \boldsymbol{e}_s = M_{ir}M_{js}\delta_{rs} = M_{ir}M_{jr}$$

因此

$$M_{ir}M_{jr}=\delta_{ij} \tag{2.61}$$

因 $\delta_{ij}=\delta_{ji}$，式(2.61) 表示 9 个 M_{ij} 分量之间的一组 6 个关系式，将 M_{ij} 视为方阵 **M** 的元素，则式(2.61) 等价于

$$\mathbf{M}\mathbf{M}^{\mathrm{T}}=\mathbf{I} \tag{2.62}$$

因此 $\mathbf{M}=(M_{ij})$ 是一个正交阵，这个矩阵决定了新基向量用旧基向量表示是一个正交阵的关系。对一个右手坐标系到另一个右手坐标系的转换，**M** 是一个正常正交阵。**M** 的第 i 行是 $\bar{\boldsymbol{e}}_i$ 在旧坐标系中的方向余弦。

因 **M** 正交，式(2.60) 的相反关系是

$$\boldsymbol{e}_j=M_{ij}\bar{\boldsymbol{e}}_i \tag{2.63}$$

所以 **M** 的第 j 列是 $\boldsymbol{e}_j$ 在新坐标系中的方向余弦。

由式(2.58) 和式(2.63) 得

$$\bar{a}_i\bar{\boldsymbol{e}}_i=a_j\bar{\boldsymbol{e}}_j=a_jM_{ij}\bar{\boldsymbol{e}}_i$$

因此有

$$\bar{a}_i=M_{ij}a_j \tag{2.64}$$

式(2.64) 为向量 $\boldsymbol{a}$ 在新坐标系中的分量 $\bar{a}_i$ 用旧坐标系中的分量 a_j 的表示，**M** 中的元素是新的基向量用旧的基向量表示的分量。类似地，由式(2.58) 和式(2.60) 得

$$a_i=M_{ji}\bar{a}_j \tag{2.65}$$

由此可知，若 $\boldsymbol{a}$ 是点 P 相对于原点 O 的位置向量，则

$$\bar{x}_i=M_{ij}x_j,\qquad x_i=M_{ji}\bar{x}_j \tag{2.66}$$

式中，x_i，$\bar{x}_i$ 分别为点 P 在旧坐标系和新坐标系下的坐标分量。

2.8　标量积、向量积、张量积

标量积又称标积、内积、点积，向量 $\boldsymbol{a}$ 和 $\boldsymbol{b}$ 的标量积记为 $\boldsymbol{a}\cdot\boldsymbol{b}$，其

结果与坐标系的选择无关，证明如下：

$$\boldsymbol{a}\cdot\boldsymbol{b}=\bar{a}_i\bar{b}_i=M_{ij}a_jM_{ik}b_k=\delta_{jk}a_jb_k=a_jb_j=a_ib_i \tag{2.67}$$

即 a_ib_i 值是独立于坐标系的。

向量积又称矢积、叉积，向量 $\boldsymbol{a}$ 和 $\boldsymbol{b}$ 的向量积记为 $\boldsymbol{a}\times\boldsymbol{b}$，也有相似的不变性质。由式(2.26)、式(2.60) 和式(2.64) 得

$$\begin{aligned}\boldsymbol{a}\times\boldsymbol{b}&=e_{ijk}\bar{\boldsymbol{e}}_i\bar{a}_j\bar{b}_k=e_{ijk}M_{ip}M_{jq}M_{kr}\boldsymbol{e}_pa_qb_r\\&=e_{pqr}(\det\mathbf{M})\boldsymbol{e}_pa_qb_r=e_{pqr}\boldsymbol{e}_pa_qb_r=e_{ijk}\boldsymbol{e}_ia_jb_k\end{aligned} \tag{2.68}$$

除了两个向量的标量积和向量积以外，有些物理量也要用两个向量来决定，例如：为描述一个力作用在一个面上，既需要力的大小和方向，又需要面的方位，这类量可以用张量积来描述。

张量积又称外积，向量 $\boldsymbol{a}$ 和 $\boldsymbol{b}$ 的张量积记为 $\boldsymbol{a}\otimes\boldsymbol{b}$，具有以下性质：

$$\begin{aligned}(\alpha\boldsymbol{a})\otimes\boldsymbol{b}&=\boldsymbol{a}\otimes(\alpha\boldsymbol{b})=\alpha(\boldsymbol{a}\otimes\boldsymbol{b}),\\\boldsymbol{a}\otimes(\boldsymbol{b}+\boldsymbol{c})&=\boldsymbol{a}\otimes\boldsymbol{b}+\boldsymbol{a}\otimes\boldsymbol{c},\\(\boldsymbol{b}+\boldsymbol{c})\otimes\boldsymbol{a}&=\boldsymbol{b}\otimes\boldsymbol{a}+\boldsymbol{c}\otimes\boldsymbol{a}\end{aligned} \tag{2.69}$$

式中，α 为标量。将 $\boldsymbol{a}$ 和 $\boldsymbol{b}$ 用分量表示，则有

$$\boldsymbol{a}\otimes\boldsymbol{b}=(a_i\boldsymbol{e}_i)\otimes(b_j\boldsymbol{e}_j)=a_ib_j\boldsymbol{e}_i\otimes\boldsymbol{e}_j \tag{2.70}$$

应注意，一般情况下，$\boldsymbol{a}\otimes\boldsymbol{b}\neq\boldsymbol{b}\otimes\boldsymbol{a}$。式(2.70) 的形式独立于坐标系的选择，因为

$$\begin{aligned}\bar{a}_i\bar{b}_j\bar{\boldsymbol{e}}_i\otimes\bar{\boldsymbol{e}}_j&=M_{ip}a_pM_{jq}b_q(M_{ir}\boldsymbol{e}_r)\otimes(M_{js}\boldsymbol{e}_s)\\&=M_{ip}M_{ir}M_{jq}M_{js}a_pb_q\boldsymbol{e}_r\otimes\boldsymbol{e}_s\\&=\delta_{pr}\delta_{qs}a_pb_q\boldsymbol{e}_r\otimes\boldsymbol{e}_s\\&=a_rb_s\boldsymbol{e}_r\otimes\boldsymbol{e}_s\\&=a_ib_j\boldsymbol{e}_i\otimes\boldsymbol{e}_j\end{aligned} \tag{2.71}$$

式中，$\boldsymbol{e}_i \otimes \boldsymbol{e}_j$ 称为基张量。

除了式(2.69)所描述的基本性质外，张量积还可与一个向量形成内积，满足

$$(\boldsymbol{a} \otimes \boldsymbol{b}) \cdot \boldsymbol{c} = \boldsymbol{a}(\boldsymbol{b} \cdot \boldsymbol{c}), \quad \boldsymbol{a} \cdot (\boldsymbol{b} \otimes \boldsymbol{c}) = (\boldsymbol{a} \cdot \boldsymbol{b})\ \boldsymbol{c} \tag{2.72}$$

因为不可能产生混淆，式(2.72)中等号左边的括号可以省略，即

$$\boldsymbol{a} \otimes \boldsymbol{b} \cdot \boldsymbol{c} = \boldsymbol{a}(\boldsymbol{b} \cdot \boldsymbol{c}), \quad \boldsymbol{a} \cdot \boldsymbol{b} \otimes \boldsymbol{c} = (\boldsymbol{a} \cdot \boldsymbol{b})\ \boldsymbol{c} \tag{2.73}$$

式(2.73)可用分量写成

$$\boldsymbol{a} \otimes \boldsymbol{b} \cdot \boldsymbol{c} = b_j c_j a_k\, \boldsymbol{e}_k, \quad \boldsymbol{a} \cdot \boldsymbol{b} \otimes \boldsymbol{c} = a_i b_i c_k\, \boldsymbol{e}_k \tag{2.74}$$

张量积的概念可推广到三个或更多个向量，如：

$$\boldsymbol{a} \otimes \boldsymbol{b} \otimes \boldsymbol{c}$$

可用分量表示为

$$a_i b_j c_k\, \boldsymbol{e}_i \otimes \boldsymbol{e}_j \otimes \boldsymbol{e}_k$$

2.9 笛卡尔张量

定义二阶笛卡尔张量为张量积的线性组合，而张量积又是基张量的线性组合，因此二阶笛卡尔张量可表示为基张量的线性组合：

$$\boldsymbol{A} = A_{ij}\, \boldsymbol{e}_i \otimes \boldsymbol{e}_j \tag{2.75}$$

需要指出的是，两个向量 $\boldsymbol{a}$ 和 $\boldsymbol{b}$ 的张量积可以形成一个二阶张量，即 $\boldsymbol{a} \otimes \boldsymbol{b} = a_i b_j \boldsymbol{e}_i \otimes \boldsymbol{e}_j$。但应注意，两个向量只有 6 个独立分量，而二阶张量有 9 个独立分量，因而并非每个二阶张量均可有两个向量的张量积得出。本书中张量用加粗罗马斜体大写字母表示，个别地方用加粗罗马斜体小写字母表示。因本书中所指张量均为直角坐标系中的笛卡尔张量，故后面省去“笛卡尔”，只说张量。

张量独立于坐标系的选择，其分量与引入的坐标系有关。假设在

新坐标系下，基向量 $\bar{\boldsymbol{e}}_i$，$\boldsymbol{A}$ 有分量 $\bar{A}_{ij}$，则

$$\boldsymbol{A}=A_{ij}\boldsymbol{e}_i\otimes\boldsymbol{e}_j=\bar{A}_{ij}\bar{\boldsymbol{e}}_i\otimes\bar{\boldsymbol{e}}_j \tag{2.76}$$

由式(2.63) 知

$$A_{ij}\boldsymbol{e}_i\otimes\boldsymbol{e}_j=A_{ij}M_{pi}M_{qj}\bar{\boldsymbol{e}}_p\otimes\bar{\boldsymbol{e}}_q=\bar{A}_{pq}\bar{\boldsymbol{e}}_p\otimes\bar{\boldsymbol{e}}_q$$

故

$$\bar{A}_{pq}=M_{pi}M_{qj}A_{ij} \tag{2.77}$$

这是二阶张量分量的变换法则，也可作为二阶张量的定义。n 阶张量可用分量表示为

$$\boldsymbol{A}=A_{\underbrace{ij\cdots m}_{n\text{个指标}}}\underbrace{\boldsymbol{e}_i\otimes\boldsymbol{e}_j\otimes\cdots\otimes\boldsymbol{e}_m}_{n\text{个基向量}} \tag{2.78}$$

通过分量变换，有

$$\bar{A}_{pq\cdots t}=M_{pi}M_{qj}\cdots M_{tm}A_{ij\cdots m} \tag{2.79}$$

因此，一个向量可理解为一个一阶张量，标量可视为零阶张量。

式(2.77) 的相反关系为

$$A_{ij}=M_{pi}M_{qj}\bar{A}_{pq} \tag{2.80}$$

不难得出式(2.79) 的相反关系为

$$A_{ij\cdots m}=M_{pi}M_{qj}\cdots M_{tm}\bar{A}_{pq\cdots t} \tag{2.81}$$

若二阶张量 $\boldsymbol{A}=A_{ij}\boldsymbol{e}_i\otimes\boldsymbol{e}_j=\bar{A}_{pq}\bar{\boldsymbol{e}}_p\otimes\bar{\boldsymbol{e}}_q$ 有 $A_{ij}=A_{ji}$，则由式(2.77) 可得

$$\bar{A}_{qp}=M_{qi}M_{pj}A_{ij}=M_{pj}M_{qi}A_{ji}=\bar{A}_{pq} \tag{2.82}$$

因此坐标变换不改变张量的对称性。连续介质力学中出现的对称二阶张量很多。

若 $\boldsymbol{A}_{ij}=-\boldsymbol{A}_{ji}$，$\bar{A}_{ij}=-\bar{A}_{ji}$，则 $\boldsymbol{A}$ 称为反对称二阶张量。

由张量 $\boldsymbol{A}=A_{ij}\boldsymbol{e}_i\otimes\boldsymbol{e}_j$ 构成的 $A_{ji}\boldsymbol{e}_i\otimes\boldsymbol{e}_j$，称为 $\boldsymbol{A}$ 的转置，记为 $\boldsymbol{A}^{\mathrm{T}}$，

其分量 $A_{ij}^{\mathrm{T}}=A_{ji}$，$\overline{A}_{pq}^{\mathrm{T}}=\overline{A}_{qp}$。由式(2.77)知

$$\overline{A}_{pq}^{\mathrm{T}}=\overline{A}_{qp}=M_{qj}M_{pi}A_{ji}=M_{pi}M_{qj}A_{ij}^{\mathrm{T}} \tag{2.83}$$

式(2.83)表明，新坐标系下转置对应于旧坐标系下转置，二阶张量的转置仍是一个二阶张量。

$\boldsymbol{A}+\boldsymbol{A}^{\mathrm{T}}$ 是对称张量，$\boldsymbol{A}-\boldsymbol{A}^{\mathrm{T}}$ 是反对称张量。由于

$$\boldsymbol{A}=\frac{1}{2}(\boldsymbol{A}+\boldsymbol{A}^{\mathrm{T}})+\frac{1}{2}(\boldsymbol{A}-\boldsymbol{A}^{\mathrm{T}}) \tag{2.84}$$

因此，任意一个二阶张量都可分解为一个对称张量和一个反对称张量。

判断一个物理量是否为张量，最基本的方法是考察它是否服从坐标转换的变换规则，如式(2.79)和式(2.81)所示。但在许多情况下可用商法则简单地判断出来。商法则指出，若 $\boldsymbol{A}$ 是 p 阶张量，$\boldsymbol{B}$ 是 q 阶张量，若存在

$$\boldsymbol{C}_{i_1 i_2 \cdots i_{p+q}}\boldsymbol{A}_{i_1 i_2 \cdots i_p}=\boldsymbol{B}_{i_{p+1} i_{p+2} \cdots i_{p+q}}$$

则 $\boldsymbol{C}$ 是 $p+q$ 阶张量。商法则的证明依然用到了坐标变换时的张量变换规则。

2.10 各向同性张量

$\boldsymbol{I}=\delta_{ij}\boldsymbol{e}_i\otimes\boldsymbol{e}_j$ 称为单位张量，可用另一组基向量表示，由式(2.63)得

$$\begin{aligned}\boldsymbol{I}&=\delta_{ij}M_{ri}M_{sj}\overline{\boldsymbol{e}}_r\otimes\overline{\boldsymbol{e}}_s=M_{ri}M_{si}\overline{\boldsymbol{e}}_r\otimes\overline{\boldsymbol{e}}_s\\&=\delta_{rs}\overline{\boldsymbol{e}}_r\otimes\overline{\boldsymbol{e}}_s=\delta_{ij}\overline{\boldsymbol{e}}_i\otimes\overline{\boldsymbol{e}}_j\end{aligned}$$

因此，单位张量在任一坐标系下其分量均为 δ_{ij}。单位张量 $\boldsymbol{I}$ 为各向同性张量。

所谓各向同性张量，是指分量在不同坐标系下相同的张量，其仅有的形式为 $p\boldsymbol{I}$，p 为标量，$p\boldsymbol{I}$ 也称为球张量。

坐标变换对应于正常正交矩阵时，可以证明置换张量

$$e_{ijk}\,\boldsymbol{e}_i \otimes \boldsymbol{e}_j \otimes \boldsymbol{e}_k \tag{2.85}$$

是三阶各向同性张量。

2.11　张量的乘法

旧坐标系下，$\boldsymbol{a}=a_i\boldsymbol{e}_i$，$\boldsymbol{B}=B_{ij}\boldsymbol{e}_i\otimes\boldsymbol{e}_j$，基向量为 $\boldsymbol{e}_i$；新坐标系下，$\boldsymbol{a}=\bar{a}_i\bar{\boldsymbol{e}}_i$，$\boldsymbol{B}=\bar{B}_{ij}\bar{\boldsymbol{e}}_i\otimes\bar{\boldsymbol{e}}_j$，基向量为 $\bar{\boldsymbol{e}}_i=M_{ij}e_j$。因此有

$$\bar{a}_i=M_{ip}a_p,\qquad \bar{B}_{ij}=M_{ir}M_{js}B_{rs}$$

取 $C_{ijk}=a_iB_{jk}$，并考虑张量

$$\boldsymbol{C}=C_{ijk}\,\boldsymbol{e}_i\otimes\boldsymbol{e}_j\otimes\boldsymbol{e}_k$$

在基向量 $\bar{\boldsymbol{e}}_i$ 中，$\boldsymbol{C}$ 的分量为 $\bar{C}_{ijk}$，因此有

$$\bar{C}_{ijk}=M_{ip}M_{jr}M_{ks}C_{prs}=M_{ip}M_{jr}M_{ks}a_pB_{rs}=\bar{a}_i\bar{B}_{jk} \tag{2.86}$$

张量 $\boldsymbol{C}$ 称为向量 $\boldsymbol{a}$ 和张量 $\boldsymbol{B}$ 的外积，记为 $\boldsymbol{a}\otimes\boldsymbol{B}$。式(2.86)显示在任一坐标系下 $\boldsymbol{C}$ 的分量与 $\boldsymbol{a}$ 和 $\boldsymbol{B}$ 的分量关系不变。

类似地，$\boldsymbol{A}$，$\boldsymbol{B}$ 为二阶张量，$\boldsymbol{D}=\boldsymbol{A}\otimes\boldsymbol{B}$ 为四阶张量，分量为 $D_{ijkl}=A_{ij}B_{kl}$，坐标变换为 $\bar{D}_{ijkl}=\bar{A}_{ij}\bar{B}_{kl}$。

对于高于二阶的张量，使其下标中的两个相同，这一运算叫缩并，缩并后的量是一个较原张量低二阶的张量，其中重复指标表示在指标的取值范围内求和。例如，三阶张量 $C_{ijk}\,\boldsymbol{e}_i\otimes\boldsymbol{e}_j\otimes\boldsymbol{e}_k$，其分量 C_{ijk} 在新坐标系中为

$$\bar{C}_{ijk}=M_{ip}M_{jr}M_{ks}C_{prs}$$

将两个指标求和

$$\bar{C}_{i11}+\bar{C}_{i22}+\bar{C}_{i33}=\bar{C}_{ijj}\quad(i=1,\ 2,\ 3)$$

$$\bar{C}_{ijj}=M_{ip}M_{jr}M_{js}C_{prs}=M_{ip}\delta_{rs}C_{prs}=M_{ip}C_{prr} \tag{2.87}$$

因此，C_{prr} 变换成了一个向量的分量，使张量的阶减少 2。

若 a_i 为 $\boldsymbol{a}$ 的分量，B_{ij} 为 $\boldsymbol{B}$ 的分量，则 a_iB_{ij} 是一个向量的分量，同样地，$B_{ij}a_j$ 也是一个向量的分量。该向量称为 $\boldsymbol{a}$ 和 $\boldsymbol{B}$ 的内积，记为

$$a_iB_{ij}\boldsymbol{e}_j=\boldsymbol{a}\cdot\boldsymbol{B},\quad B_{ij}a_j\boldsymbol{e}_i=\boldsymbol{B}\cdot\boldsymbol{a} \tag{2.88}$$

只有当 $\boldsymbol{B}$ 为对称张量时，有 $\boldsymbol{a}\cdot\boldsymbol{B}=\boldsymbol{B}\cdot\boldsymbol{a}$。

二阶和更高阶张量的内积定义类似，例如 $\boldsymbol{A}$ 和 $\boldsymbol{B}$ 为二阶张量，则

$$\boldsymbol{A}\cdot\boldsymbol{B}=A_{ij}B_{jk}\,\boldsymbol{e}_i\otimes\boldsymbol{e}_k,\quad \boldsymbol{A}^{\mathrm{T}}\cdot\boldsymbol{B}=A_{ji}B_{jk}\,\boldsymbol{e}_i\otimes\boldsymbol{e}_k \tag{2.89}$$

可以证明

$$(\boldsymbol{A}\cdot\boldsymbol{B})^{\mathrm{T}}=\boldsymbol{B}^{\mathrm{T}}\cdot\boldsymbol{A}^{\mathrm{T}}$$

特别情况下，$\boldsymbol{A}$ 和 $\boldsymbol{B}$ 可以是相同的张量，这时 $\boldsymbol{A}\cdot\boldsymbol{A}$ 记为 $\boldsymbol{A}^2$。

若存在张量 $\boldsymbol{A}^{-1}$，满足

$$\boldsymbol{A}\cdot\boldsymbol{A}^{-1}=\boldsymbol{I},\quad \boldsymbol{A}^{-1}\cdot\boldsymbol{A}=\boldsymbol{I} \tag{2.90}$$

则 $\boldsymbol{A}^{-1}$ 称为 $\boldsymbol{A}$ 的逆张量。可以证明

$$(\boldsymbol{A}\cdot\boldsymbol{B})^{-1}=\boldsymbol{B}^{-1}\cdot\boldsymbol{A}^{-1},$$

$$(\boldsymbol{A}^{-1})^{\mathrm{T}}=(\boldsymbol{A}^{\mathrm{T}})^{-1}$$

若 $\boldsymbol{A}^{\mathrm{T}}$ 和 $\boldsymbol{A}^{-1}$ 相等，即

$$\boldsymbol{A}^{\mathrm{T}}=\boldsymbol{A}^{-1} \tag{2.91}$$

则 $\boldsymbol{A}$ 称为正交张量。

利用极分解定理，二阶张量 $\boldsymbol{F}$ 的分量 F_{ij}（假设 $\det(F_{ij})\neq 0$）可唯一地被分解为：

$$F_{ij}=R_{ik}U_{kj},\quad F_{ij}=V_{ik}R_{kj}$$

式中，R_{ik}，R_{kj} 为正交阵的元素，U_{kj}，V_{ik} 为正定对称阵的元素。定义二阶张量 $\boldsymbol{R}$，$\boldsymbol{U}$ 和 $\boldsymbol{V}$ 为

$$\boldsymbol{R}=R_{ij}\,\boldsymbol{e}_i\otimes\boldsymbol{e}_j,\quad \boldsymbol{U}=U_{ij}\,\boldsymbol{e}_i\otimes\boldsymbol{e}_j,\quad \boldsymbol{V}=V_{ij}\,\boldsymbol{e}_i\otimes\boldsymbol{e}_j$$

则 $\boldsymbol{R}$ 为正交张量，$\boldsymbol{U}$ 和 $\boldsymbol{V}$ 为对称张量，并且

$$\boldsymbol{R}\cdot\boldsymbol{U}=R_{ik}U_{kj}\boldsymbol{e}_i\otimes\boldsymbol{e}_j=F_{ij}\boldsymbol{e}_i\otimes\boldsymbol{e}_j=\boldsymbol{F},$$

$$\boldsymbol{V}\cdot\boldsymbol{R}=V_{ik}R_{kj}\boldsymbol{e}_i\otimes\boldsymbol{e}_j=F_{ij}\boldsymbol{e}_i\otimes\boldsymbol{e}_j=\boldsymbol{F}$$

因此，张量 $\boldsymbol{F}$ 可分解成以上两个内积之一，即

$$\boldsymbol{F}=\boldsymbol{R}\cdot\boldsymbol{U},\qquad \boldsymbol{F}=\boldsymbol{V}\cdot\boldsymbol{R} \tag{2.92}$$

设 $\boldsymbol{A}$ 和 $\boldsymbol{B}$ 为二阶张量，两个张量的双点积定义为

$$\begin{aligned}\boldsymbol{A}:\boldsymbol{B}&=(A_{ij}\boldsymbol{e}_i\otimes\boldsymbol{e}_j):(B_{pq}\boldsymbol{e}_p\otimes\boldsymbol{e}_q)\\&=A_{ij}B_{pq}(\boldsymbol{e}_i\cdot\boldsymbol{e}_p)(\boldsymbol{e}_j\cdot\boldsymbol{e}_q)\\&=A_{ij}B_{pq}\delta_{ip}\delta_{jq}=A_{ij}B_{ij}\end{aligned}$$

2.12　张量的表示方法

张量的表示可采用直接形式和分量形式，也可用矩阵表示。直接形式，如标量 α，β，…，向量 $\boldsymbol{a}$，$\boldsymbol{b}$，…，张量 $\boldsymbol{A}$，$\boldsymbol{B}$，…，这些记法与坐标系的选择无关，强调物理表达。分量形式，如标量 α，β，…，向量 a_i，b_i，…，张量 A_{ij}，B_{ij}，…，其中向量和张量的分量与坐标系的选择有关。

当分量从一个坐标系变换到另一个坐标系时，通常引入矩阵表示较为方便。如式(2.64) 和式(2.77) 中 $\boldsymbol{a}$ 和 $\boldsymbol{A}$ 的变换式

$$\bar{a}_i=M_{ij}a_j,\qquad \bar{A}_{ij}=M_{ip}M_{jq}A_{pq} \tag{2.93}$$

将分量 a_i 和 $\bar{a}_i$ 作为 3×1 列阵的元素，因此

$$\mathbf{a}=(a_1\quad a_2\quad a_3)^{\mathrm{T}},\qquad \bar{\mathbf{a}}=(\bar{a}_1\quad \bar{a}_2\quad \bar{a}_3)^{\mathrm{T}} \tag{2.94}$$

同样，A_{ij} 和 $\bar{A}_{ij}$ 可视为 3×3 矩阵 $\mathbf{A}$ 和 $\bar{\mathbf{A}}$ 的元素，因此

$$\mathbf{A}=(A_{ij}),\quad \bar{\mathbf{A}}=(\bar{A}_{ij}) \tag{2.95}$$

于是，式(2.93)的变换可用矩阵写成

$$\bar{\mathbf{a}}=\mathbf{Ma},\quad \bar{\mathbf{A}}=\mathbf{MAM}^{\mathrm{T}} \tag{2.96}$$

因 **M** 为正交阵，又有

$$\mathbf{a}=\mathbf{M}^{\mathrm{T}}\bar{\mathbf{a}},\quad \mathbf{A}=\mathbf{M}^{\mathrm{T}}\bar{\mathbf{A}}\mathbf{M} \tag{2.97}$$

用矩阵表示张量，适合张量的代数运算，表 2.1 给出了张量和矩阵记法的一些实例。

表 2.1　张量运算的不同表示

直接表示	分量表示	矩阵表示
$\alpha=\boldsymbol{a}\cdot\boldsymbol{b}$	$\alpha=a_ib_i$	$(\alpha)=\mathbf{a}^{\mathrm{T}}\mathbf{b}$
$\boldsymbol{A}=\boldsymbol{a}\otimes\boldsymbol{b}$	$A_{ij}=a_ib_j$	$\mathbf{A}=\mathbf{ab}^{\mathrm{T}}$
$\boldsymbol{b}=\boldsymbol{A}\cdot\boldsymbol{a}$	$b_i=A_{ij}a_j$	$\mathbf{b}=\mathbf{Aa}$
$\boldsymbol{b}=\boldsymbol{a}\cdot\boldsymbol{A}$	$b_j=a_iA_{ij}$	$\mathbf{b}^{\mathrm{T}}=\mathbf{a}^{\mathrm{T}}\mathbf{A}$
$\alpha=\boldsymbol{a}\cdot\boldsymbol{A}\cdot\boldsymbol{b}$	$\alpha=a_iA_{ij}b_j$	$(\alpha)=\mathbf{a}^{\mathrm{T}}\mathbf{Ab}$
$\boldsymbol{C}=\boldsymbol{A}\cdot\boldsymbol{B}$	$C_{ij}=A_{ik}B_{kj}$	$\mathbf{C}=\mathbf{AB}$
$\boldsymbol{C}=\boldsymbol{A}\cdot\boldsymbol{B}^{\mathrm{T}}$	$C_{ij}=A_{ik}B_{jk}$	$\mathbf{C}=\mathbf{AB}^{\mathrm{T}}$
$\boldsymbol{D}=\boldsymbol{A}\cdot\boldsymbol{B}\cdot\boldsymbol{C}$	$D_{ij}=A_{ik}B_{km}C_{mj}$	$\mathbf{D}=\mathbf{ABC}$
$\alpha=\boldsymbol{A}:\boldsymbol{B}$	$\alpha=A_{ij}B_{ij}$	$(\alpha)=\mathrm{tr}\,\mathbf{AB}^{\mathrm{T}}$
$\boldsymbol{\sigma}=\boldsymbol{E}:\boldsymbol{\varepsilon}$	$\sigma_{ij}=E_{ijkl}\varepsilon_{kl}$	—

2.13　二阶张量的不变量

已知：**A** 为二阶张量，旧坐标系中分量为 A_{ij}，基向量为 $\boldsymbol{e}_i$；新坐标系中分量为 $\bar{A}_{ij}$，基向量为 $\bar{\boldsymbol{e}}_i$。令 $\mathbf{A}=(A_{ij})$，$\bar{\mathbf{A}}=(\bar{A}_{ij})$ 和 $\mathbf{M}=$

(M_{ij})，若 λ 是矩阵 $\bar{\mathbf{A}}$ 的一个特征值，则

$$\det(\bar{\mathbf{A}}-\lambda\mathbf{I})=0$$

因 $\bar{\mathbf{A}}=\mathbf{MAM}^{\mathrm{T}}$，$\mathbf{M}$ 为正交阵，故

$$\det[\mathbf{M}(\mathbf{A}-\lambda\mathbf{I})\mathbf{M}^{\mathrm{T}}]=0$$

所以

$$\det\mathbf{M}\det(\mathbf{A}-\lambda\mathbf{I})\det\mathbf{M}=0,$$

$$\det(\mathbf{A}-\lambda\mathbf{I})=0$$

因此，λ 是矩阵 $\mathbf{A}$ 的一个特征值。由此可见，张量 $\boldsymbol{A}$ 的矩阵特征值是独立于所参照的坐标系的。特征值是张量 $\boldsymbol{A}$ 所固有的或本征的。若 $\boldsymbol{A}$ 为对称张量，则其特征值为实数，称为 $\boldsymbol{A}$ 的主分量或主值。定义 λ_1，λ_2，λ_3 为 $\boldsymbol{A}$ 的主值，若 λ_1，λ_2，λ_3 都为正，则称 $\boldsymbol{A}$ 是正定张量。

若 $\boldsymbol{A}$ 为对称张量，且 λ_1，λ_2，λ_3 互不相等，则矩阵 $\mathbf{A}$ 正则化的特征向量可视为唯一且相互正交的列阵 $\mathbf{x}^{(1)}$，$\mathbf{x}^{(2)}$，$\mathbf{x}^{(3)}$。

$$\mathbf{Ax}^{(i)}=\lambda_i\mathbf{x}^{(i)}\quad(i=1,2,3;\ \text{不求和})$$

因 $\mathbf{M}$ 为正交阵，由 $\mathbf{MAx}^{(i)}=\mathbf{M}\lambda_i\mathbf{x}^{(i)}$ 可得

$$\mathbf{MAM}^{\mathrm{T}}\mathbf{Mx}^{(i)}=\bar{\mathbf{A}}\mathbf{Mx}^{(i)}=\lambda_i\mathbf{Mx}^{(i)}\quad(\text{不求和})$$

因此，若将向量 $\boldsymbol{x}_i$ 定义为

$$\boldsymbol{x}_i=x_j^{(i)}\boldsymbol{e}_j\tag{2.98}$$

则有

$$\boldsymbol{A}\cdot\boldsymbol{x}_i=\lambda_i\boldsymbol{x}_i\quad(\text{不求和})$$

将 $\boldsymbol{A}$ 视为基向量 $\boldsymbol{x}_i$ 坐标系中的张量，即将 $\bar{\boldsymbol{e}}_i$ 等同于 $\boldsymbol{x}_i$，由式(2.98)知从基向量 $\boldsymbol{e}_i$ 到 $\boldsymbol{x}_i$ 的转换矩阵 $\mathbf{P}$ 的元素为

$$P_{ij}=x_j^{(i)},\qquad\mathbf{P}^{\mathrm{T}}=(\mathbf{x}^{(1)}\quad\mathbf{x}^{(2)}\quad\mathbf{x}^{(3)})$$

由式(2.41)和式(2.91)得

$$\bar{\mathbf{A}} = \mathbf{P}\mathbf{A}\mathbf{P}^{\mathrm{T}} = \begin{pmatrix} \lambda_1 & 0 & 0 \\ 0 & \lambda_2 & 0 \\ 0 & 0 & \lambda_3 \end{pmatrix} \tag{2.99}$$

因此，存在一个坐标系，使二阶对称张量 **A** 的分量矩阵是对角线矩阵，它的对角线元素为 **A** 的主值。新坐标系的基向量为 $\boldsymbol{x}_i$，其轴是 **A** 的主轴，方向为主方向。

以上分析结果在 λ_1，λ_2，λ_3 有两个相等时，继续成立。如果 $\lambda_1 = \lambda_2 \neq \lambda_3$，向量 $\boldsymbol{x}_3$ 唯一确定，$\boldsymbol{x}_1$，$\boldsymbol{x}_2$ 可取任意正交的两个向量。当 $\lambda_1 = \lambda_2 = \lambda_3$ 时，主轴可以是任意三个相互垂直的轴，**A** 称为球张量。

以上分析得出，张量的主值与坐标的选择无关，它们是张量 **A** 的不变量，不变量在连续介质力学很重要。若 **A** 对称，则 λ_1，λ_2，λ_3 为基本不变量，**A** 的任一不变量均可由它们表示。在很多应用中选择以下三个函数作为基本不变量：

$$\lambda_1 + \lambda_2 + \lambda_3, \quad \lambda_1^2 + \lambda_2^2 + \lambda_3^2, \quad \lambda_1^3 + \lambda_2^3 + \lambda_3^3 \tag{2.100}$$

三个不变量不同且相互独立。它们可以从任一坐标系下的张量分量得到，而不需要作复杂的运算。

由式(2.99)得

$$\lambda_1 + \lambda_2 + \lambda_3 = \mathrm{tr}\, \bar{\mathbf{A}}$$

因 **P** 正交，故有

$$\mathrm{tr}\, \bar{\mathbf{A}} = \bar{A}_{ii} = P_{ir} P_{is} A_{rs} = \delta_{rs} A_{rs} = A_{rr} = \mathrm{tr}\, \mathbf{A} \tag{2.111}$$

因此，第一不变量总是等于任一坐标系下 **A** 的分量矩阵的迹。

类似方法可得出

$$\begin{aligned} \lambda_1^2 + \lambda_2^2 + \lambda_3^2 &= \mathrm{tr}\, \bar{\mathbf{A}}^2 = \bar{A}_{ik} \bar{A}_{ki} = P_{ip} P_{kq} A_{pq} P_{kr} P_{is} A_{rs} \\ &= \delta_{ps} \delta_{qr} A_{pq} A_{rs} = A_{pr} A_{rp} = \mathrm{tr}\, \mathbf{A}^2 \end{aligned} \tag{2.112}$$

同样，

$$\lambda_1^3+\lambda_2^3+\lambda_3^3=\mathrm{tr}\,\bar{\mathbf{A}}^3$$

定义 $\mathrm{tr}\,\bar{\mathbf{A}}=\mathrm{tr}\,\boldsymbol{A}$，$\mathrm{tr}\,\bar{\mathbf{A}}^2=\mathrm{tr}\,\boldsymbol{A}^2$，$\mathrm{tr}\,\bar{\mathbf{A}}^3=\mathrm{tr}\,\boldsymbol{A}^3$，不变量式(2.100)可表示为

$$\mathrm{tr}\,\boldsymbol{A},\quad \mathrm{tr}\,\boldsymbol{A}^2,\quad \mathrm{tr}\,\boldsymbol{A}^3 \tag{2.113}$$

由此可见，只要用矩阵乘法，就可算得二阶张量的三个不变量。

另一组不变量是 I_1，I_2，I_3，其中

$$I_1=\lambda_1+\lambda_2+\lambda_3,\quad I_2=\lambda_1\lambda_2+\lambda_2\lambda_3+\lambda_3\lambda_1,\quad I_3=\lambda_1\lambda_2\lambda_3 \tag{2.114}$$

对于 I_2 有

$$\begin{aligned}I_2&=\frac{1}{2}[(\lambda_1+\lambda_2+\lambda_3)^2-(\lambda_1^2+\lambda_2^2+\lambda_3^2)]\\&=\frac{1}{2}[(\mathrm{tr}\,\bar{\mathbf{A}})^2-\mathrm{tr}\,\bar{\mathbf{A}}^2]\\&=\frac{1}{2}[(\mathrm{tr}\,\boldsymbol{A})^2-\mathrm{tr}\,\boldsymbol{A}^2]\end{aligned}$$

对于 I_3 有

$$\begin{aligned}I_3&=\det\bar{\mathbf{A}}=\det(\mathbf{PAP}^{\mathrm{T}})\\&=\det\mathbf{P}\det\mathbf{A}\det\mathbf{P}^{\mathrm{T}}\\&=\det\boldsymbol{A}\end{aligned}$$

因此，

$$I_1=\mathrm{tr}\,\boldsymbol{A},\quad I_2=\frac{1}{2}[(\mathrm{tr}\,\boldsymbol{A})^2-\mathrm{tr}\,\boldsymbol{A}^2],\quad I_3=\det\boldsymbol{A} \tag{2.115}$$

由式(2.47)知，Cayley - Hamilton 定理可表示为：

$$\mathbf{A}^3-I_1\mathbf{A}^2+I_2\mathbf{A}-I_3\mathbf{I}=\mathbf{0} \tag{2.116}$$

另有

$$\mathrm{tr}(\mathbf{A}^3 - I_1\mathbf{A}^2 + I_2\mathbf{A} - I_3\mathbf{I}) = \mathrm{tr}\,\mathbf{0} = 0,$$

$$\mathrm{tr}\,\mathbf{A}^3 - I_1\mathrm{tr}\,\mathbf{A}^2 + I_2\mathrm{tr}\,\mathbf{A} - 3I_3 = 0$$

于是

$$\begin{aligned} I_3 &= \frac{1}{3}[\mathrm{tr}\,\boldsymbol{A}^3 - I_1\mathrm{tr}\,\boldsymbol{A}^2 + I_2\mathrm{tr}\,\boldsymbol{A}] \\ &= \frac{1}{3}\left[\mathrm{tr}\,\boldsymbol{A}^3 - \frac{3}{2}\mathrm{tr}\,\boldsymbol{A}^2\mathrm{tr}\,\boldsymbol{A} + \frac{1}{2}(\mathrm{tr}\,\boldsymbol{A})^3\right] \end{aligned} \tag{2.117}$$

2.14　偏张量

定义张量 $\boldsymbol{A}'$ 为

$$\boldsymbol{A}' = \boldsymbol{A} - \frac{1}{3}\boldsymbol{I}\mathrm{tr}\,\boldsymbol{A} \tag{2.118}$$

该张量的第一不变量为零，$\mathrm{tr}\,\boldsymbol{A}'=0$，故若 $\boldsymbol{A}$ 对称，$\boldsymbol{A}'$ 只有五个独立分量和两个独立的非零不变量，$\boldsymbol{A}'$ 称为张量 $\boldsymbol{A}$ 的偏量。如果一个张量的迹为零，就称这个张量为偏张量。连续介质力学中，有时要将一个张量分解为一个偏张量和一个球张量之和：

$$\boldsymbol{A} = \boldsymbol{A}' + \frac{1}{3}\boldsymbol{I}\mathrm{tr}\,\boldsymbol{A} \tag{2.119}$$

$\boldsymbol{A}'$ 的两个非零不变量分别是

$$I_2' = -\frac{1}{2}[(\mathrm{tr}\,\boldsymbol{A}')^2 - \mathrm{tr}\,\boldsymbol{A}'^2], \qquad I_3' = \det\boldsymbol{A}' = \frac{1}{3}\mathrm{tr}\,\boldsymbol{A}'^3 \tag{2.120}$$

由式(2.115)和式(2.118)，可以推算出

$$I_2' = -\frac{1}{3}I_1^2 + I_2, \qquad I_3' = I_3 - \frac{1}{3}I_1I_2 + \frac{2}{27}I_1^3 \tag{2.121}$$

2.15　向量与张量的运算

(1) 梯度运算

对于标量场 $\varphi(x_1, x_2, x_3)$，其左梯度为

$$\text{grad}\ \varphi = \nabla\varphi = \boldsymbol{e}_1 \frac{\partial\varphi}{\partial x_1} + \boldsymbol{e}_2 \frac{\partial\varphi}{\partial x_2} + \boldsymbol{e}_3 \frac{\partial\varphi}{\partial x_3} = \boldsymbol{e}_i \frac{\partial\varphi}{\partial x_i} \tag{2.122}$$

右梯度为

$$\varphi\ \text{grad} = \varphi\ \nabla = \frac{\partial\varphi}{\partial x_1}\boldsymbol{e}_1 + \frac{\partial\varphi}{\partial x_2}\boldsymbol{e}_2 + \frac{\partial\varphi}{\partial x_3}\boldsymbol{e}_3 = \frac{\partial\varphi}{\partial x_i}\boldsymbol{e}_i \tag{2.123}$$

因此，对于标量场其左右梯度相等，即 $\nabla\varphi = \varphi\ \nabla$。在英文文献中，左梯度被称为前梯度（front gradient），右梯度被称为后梯度（rear gradient）。

对于向量场 $\boldsymbol{a}(x_1, x_2, x_3) = a_i(x_j)\boldsymbol{e}_i$，其左梯度为二阶张量：

$$\nabla \otimes \boldsymbol{a} = \boldsymbol{e}_i \otimes \frac{\partial a_j}{\partial x_i}\boldsymbol{e}_j = \frac{\partial a_j}{\partial x_i}\boldsymbol{e}_i \otimes \boldsymbol{e}_j \tag{2.124}$$

其右梯度也为二阶张量：

$$\boldsymbol{a} \otimes \nabla = \frac{\partial \boldsymbol{a}}{\partial x_j} \otimes \boldsymbol{e}_j = \frac{\partial a_i}{\partial x_j}\boldsymbol{e}_i \otimes \boldsymbol{e}_j \tag{2.125}$$

比较式(2.124) 和式(2.125)，有如下关系式：

$$\nabla \otimes \boldsymbol{a} = (\boldsymbol{a} \otimes \nabla)^{\mathrm{T}} \tag{2.126}$$

对于二阶张量 $\boldsymbol{A} = A_{ij}\ \boldsymbol{e}_i \otimes \boldsymbol{e}_j$，其左梯度为三阶张量：

$$\nabla \otimes \boldsymbol{A} = \boldsymbol{e}_i \otimes \frac{\partial \boldsymbol{A}}{\partial x_i} = \frac{\partial A_{jk}}{\partial x_i}\boldsymbol{e}_i \otimes \boldsymbol{e}_j \otimes \boldsymbol{e}_k \tag{2.127}$$

其右梯度也为三阶张量：

$$\boldsymbol{A}\otimes\nabla=\frac{\partial\boldsymbol{A}}{\partial x_k}\otimes\boldsymbol{e}_k=\frac{\partial A_{ij}}{\partial x_k}\boldsymbol{e}_i\otimes\boldsymbol{e}_j\otimes\boldsymbol{e}_k \tag{2.128}$$

比较式(2.127)和式(2.128)可知，二阶张量的左梯度和右梯度不相等，即

$$\nabla\otimes\boldsymbol{A}\neq\boldsymbol{A}\otimes\nabla \tag{2.129}$$

(2) 散度运算

给定一个光滑的向量场 $\boldsymbol{a}(x_1, x_2, x_3)=a_i(x_j)\boldsymbol{e}_i$，其散度为

$$\text{div}\,\boldsymbol{a}=\nabla\cdot\boldsymbol{a}=\frac{\partial a_1}{\partial x_1}+\frac{\partial a_2}{\partial x_2}+\frac{\partial a_3}{\partial x_3}=\frac{\partial a_i}{\partial x_i}=\text{tr}(\nabla\otimes\boldsymbol{a}) \tag{2.130}$$

容易验证向量场的右散度和左散度相等，即

$$\boldsymbol{a}\,\text{div}=\boldsymbol{a}\cdot\nabla=\frac{\partial a_i}{\partial x_i}=\nabla\cdot\boldsymbol{a}=\text{div}\,\boldsymbol{a} \tag{2.131}$$

对于二阶张量 $\boldsymbol{A}=A_{ij}\,\boldsymbol{e}_i\otimes\boldsymbol{e}_j$，其左散度为

$$\text{div}\,\boldsymbol{A}=\boldsymbol{e}_i\,\frac{\partial A_{jk}}{\partial x_i}\boldsymbol{e}_j\otimes\boldsymbol{e}_k=\frac{\partial A_{jk}}{\partial x_i}\delta_{ij}\boldsymbol{e}_k=\frac{\partial A_{ik}}{\partial x_i}\boldsymbol{e}_k \tag{2.132}$$

其右散度为

$$\boldsymbol{A}\,\text{div}=\frac{\partial\boldsymbol{A}}{\partial x_k}\boldsymbol{e}_k=\frac{\partial A_{ij}}{\partial x_k}(\boldsymbol{e}_i\otimes\boldsymbol{e}_j)\boldsymbol{e}_k=\frac{\partial A_{ij}}{\partial x_k}\delta_{jk}\boldsymbol{e}_i=\frac{\partial A_{ij}}{\partial x_j}\boldsymbol{e}_i \tag{2.133}$$

(3) 旋度运算

给定一个光滑的向量场 $\boldsymbol{a}(x_1, x_2, x_3)=a_i(x_j)\boldsymbol{e}_i$，其左旋度为

$$\text{curl}\,\boldsymbol{a}=\nabla\times\boldsymbol{a}=\boldsymbol{e}_i\times\frac{\partial(a_j\boldsymbol{e}_j)}{\partial x_i}=\frac{\partial a_j}{\partial x_i}\boldsymbol{e}_i\times\boldsymbol{e}_j=e_{ijk}\,\frac{\partial a_j}{\partial x_i}\boldsymbol{e}_k \tag{2.134}$$

其右旋度为

$$\boldsymbol{a}\,\text{curl}=\boldsymbol{a}\times\nabla=\frac{\partial(a_i\boldsymbol{e}_i)}{\partial x_j}\times\boldsymbol{e}_j=\frac{\partial a_i}{\partial x_j}\boldsymbol{e}_i\times\boldsymbol{e}_j=e_{ijk}\,\frac{\partial a_i}{\partial x_j}\boldsymbol{e}_k \tag{2.135}$$

由置换符号 e_{ijk} 的反对称性质可知：

$$\nabla \times \boldsymbol{a} = -\boldsymbol{a} \times \nabla$$

对于二阶张量 $\boldsymbol{A} = A_{ij}\boldsymbol{e}_i \otimes \boldsymbol{e}_j$，其左旋度为

$$\begin{aligned}\nabla \times \boldsymbol{A} &= \boldsymbol{e}_i \times \frac{\partial (A_{jk}\boldsymbol{e}_j \otimes \boldsymbol{e}_k)}{\partial x_i} = \frac{\partial A_{jk}}{\partial x_i}\boldsymbol{e}_i \times (\boldsymbol{e}_j \otimes \boldsymbol{e}_k) \\ &= \frac{\partial A_{jk}}{\partial x_i}(\boldsymbol{e}_i \times \boldsymbol{e}_j) \otimes \boldsymbol{e}_k = \frac{\partial A_{jk}}{\partial x_i} e_{ijm}\boldsymbol{e}_m \otimes \boldsymbol{e}_k\end{aligned} \tag{2.136}$$

其右旋度为

$$\begin{aligned}\boldsymbol{A} \times \nabla &= \frac{\partial (A_{ij}\boldsymbol{e}_i \otimes \boldsymbol{e}_j)}{\partial x_k} \times \boldsymbol{e}_k = \frac{\partial A_{ij}}{\partial x_k}(\boldsymbol{e}_i \otimes \boldsymbol{e}_j) \times \boldsymbol{e}_k \\ &= \frac{\partial A_{ij}}{\partial x_k}\boldsymbol{e}_i \otimes (\boldsymbol{e}_j \times \boldsymbol{e}_k) = \frac{\partial A_{ij}}{\partial x_k} e_{jkm}\boldsymbol{e}_i \otimes \boldsymbol{e}_m\end{aligned} \tag{2.137}$$

连续介质力学中经常用到散度定理(Gauss 定理)，若向量场 $\boldsymbol{a}$ 在分片光滑的闭曲面 $\mathscr{S}$ 围成的闭区域 $\mathscr{R}$ 内有连续一阶偏导数，则

$$\iiint_{\mathscr{R}} \operatorname{div} \boldsymbol{a} \mathrm{d}V = \iint_{\mathscr{S}} \boldsymbol{a} \cdot \boldsymbol{n} \mathrm{d}S \tag{2.138}$$

式中，$\mathrm{d}V$ 和 $\mathrm{d}S$ 分别为体积元素和表面积元素，$\boldsymbol{n}$ 为表面 $\mathscr{S}$ 的外法线单位法向量。将式(2.138) 用分量表示，其形式为

$$\iiint_{\mathscr{R}} \frac{\partial a_i}{\partial x_i} \mathrm{d}V = \iint_{\mathscr{S}} a_i n_i \mathrm{d}S \tag{2.139}$$

散度定理还可用于张量场，对于一个分量为 A_{ij} 的二阶张量 $\boldsymbol{A}$，有

$$\iiint_{\mathscr{R}} \frac{\partial A_{ij}}{\partial x_i} \mathrm{d}V = \iint_{\mathscr{S}} A_{ij} n_i \mathrm{d}S \tag{2.140}$$

更高阶的张量场也有类似结果。

习　题

2.1　证明：

(1) $\delta_{ii}=3$；(2) $e_{ijk}\delta_{jk}=0$；(3) $e_{ijp}e_{ijq}=2\delta_{pq}$；(4) $e_{ijk}e_{ijk}=6$；

(5) $\det \mathbf{A}=e_{ijk}A_{1i}A_{2j}A_{3k}$；(6) $\det(\mathbf{AB})=\det \mathbf{A}\det \mathbf{B}$。

2.2　证明：

(1) $\boldsymbol{a}\times\boldsymbol{b}=-\boldsymbol{b}\times\boldsymbol{a}$；

(2) $\boldsymbol{a}\times(\boldsymbol{b}\times\boldsymbol{c})=(\boldsymbol{a}\cdot\boldsymbol{c})\boldsymbol{b}-(\boldsymbol{a}\cdot\boldsymbol{b})\boldsymbol{c}$；

(3) $(\boldsymbol{a}\times\boldsymbol{b})\cdot(\boldsymbol{c}\times\boldsymbol{d})=(\boldsymbol{a}\cdot\boldsymbol{c})(\boldsymbol{b}\cdot\boldsymbol{d})-(\boldsymbol{a}\cdot\boldsymbol{d})(\boldsymbol{b}\cdot\boldsymbol{c})$；

(4) $(\boldsymbol{a}\times\boldsymbol{b})\times(\boldsymbol{c}\times\boldsymbol{d})=(\boldsymbol{a}\cdot\boldsymbol{b}\times\boldsymbol{d})\boldsymbol{c}-(\boldsymbol{a}\cdot\boldsymbol{b}\times\boldsymbol{c})\boldsymbol{d}$；

(5) $\operatorname{curl}\operatorname{curl}\boldsymbol{v}=\operatorname{grad}\operatorname{div}\boldsymbol{v}-\nabla^2\boldsymbol{v}$。

2.3　如果 $\boldsymbol{a}$，$\boldsymbol{b}$，$\boldsymbol{c}$ 为三个线性相关向量，

(1) 证明 $\boldsymbol{a}\cdot\boldsymbol{b}\times\boldsymbol{c}=0$；

(2) 简述上式在三维笛卡尔坐标系中的几何意义。

2.4　证明：矩阵 $\mathbf{A}$ 逆的转置等于 $\mathbf{A}$ 转置的逆。

2.5　证明：两个向量的标量积在正交变换下是不变的。

2.6　证明：在正交变换中变换矩阵(M_{ij})的逆等于其转置。(假设基向量正交)

2.7　已知 $\mathbf{A}$ 为对称二阶张量，$\boldsymbol{a}$ 为任意向量。试证：$\boldsymbol{a}\cdot\mathbf{A}=\mathbf{A}\cdot\boldsymbol{a}$。

2.8　证明：

(1) $\mathbf{A}\cdot(\boldsymbol{u}\otimes\boldsymbol{v})=(\mathbf{A}\cdot\boldsymbol{u})\otimes\boldsymbol{v}$；

(2) $(\boldsymbol{u}\otimes\boldsymbol{v})\cdot\mathbf{A}=\boldsymbol{u}\otimes(\mathbf{A}^{\mathrm{T}}\cdot\boldsymbol{v})$。

其中 $\mathbf{A}$ 为二阶张量，$\boldsymbol{u}$ 和 $\boldsymbol{v}$ 是向量。

2.9　在三维空间中，两个笛卡尔直角坐标系之间存在以下变换

$$\begin{cases}\bar{x}_1=x_1\cos\theta+x_2\sin\theta,\\ \bar{x}_2=-x_1\sin\theta+x_2\cos\theta,\\ \bar{x}_3=x_3\end{cases}$$

试判断此变换是否正交。

2.10　试用商法则证明：$\delta_{ij}\boldsymbol{e}_i\otimes\boldsymbol{e}_j$ 是二阶各向同性张量，$e_{ijk}\boldsymbol{e}_i\otimes\boldsymbol{e}_j\otimes\boldsymbol{e}_k$ 是三阶各向同性张量，即置换张量。

2.11　证明：对于一个反对称张量 $\boldsymbol{A}$，存在一个向量 $\boldsymbol{w}$，使得对于任意的向量 $\boldsymbol{a}$ 存在 $\boldsymbol{A}\cdot\boldsymbol{a}=\boldsymbol{w}\times\boldsymbol{a}$。$\boldsymbol{w}$ 称为轴向量。

2.12　张量 $\boldsymbol{A}$ 的矩阵表示为

$$(A_{ij})=\begin{pmatrix}1&2&3\\4&5&6\\7&8&9\end{pmatrix}$$

(1) 求 $\boldsymbol{A}$ 的对称部分和反对称部分；

(2) 求 $\boldsymbol{A}$ 的反对称部分的轴向量。

2.13　张量 $\boldsymbol{A}$ 的矩阵表示为

$$(A_{ij})=\begin{pmatrix}5&4&0\\4&-1&0\\0&0&3\end{pmatrix}$$

(1) 写出该张量的特征方程并求出主值和主方向；

(2) 求出该张量的三个不变量；

(3) 主方向的单位向量为基向量情况下，求该张量的矩阵表示。

2.14　张量 $\boldsymbol{A}$ 的矩阵表示为

$$(A_{ij})=\begin{pmatrix}1&1&0\\1&1&0\\0&0&2\end{pmatrix}$$

试求该张量的主值和三个相互垂直的主方向。

第3章　应　　力

3.1　面力

考察占有空间域$\mathscr{R}$的变形后物体$\mathscr{B}$，如图3.1所示。假设$\mathscr{B}$中有一曲面$\mathscr{S}$围成一个分离体，分析$\mathscr{S}$两侧物质间的相互作用。设P是$\mathscr{S}$上的一点，该点的外法向单位向量是$\boldsymbol{n}$，ΔS是$\mathscr{S}$上围绕P点的微小面元的面积。令外法向所指的一侧为正侧，背离的一侧为负侧，在微小面元上，正侧物质对负侧物质的作用力为$\Delta\boldsymbol{p}$，该力与面元的位置、面积

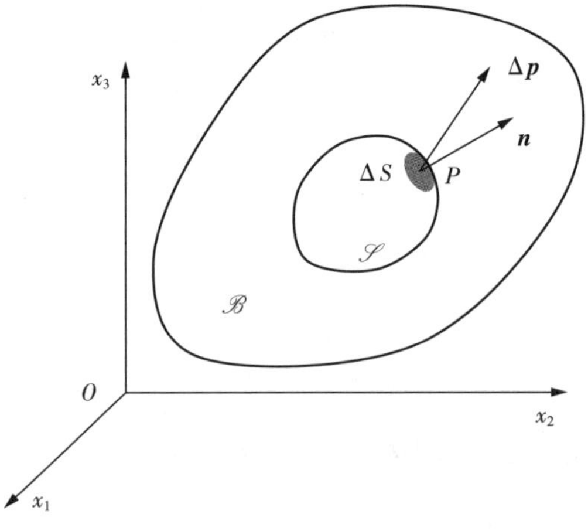

图3.1　面力定义示意图

大小和法线方向有关。若$\frac{\Delta \boldsymbol{p}}{\Delta S}$在 $\Delta S \to 0$ 时存在极限，并记为

$$\boldsymbol{t}^{(n)} = \lim_{\Delta S \to 0} \frac{\Delta \boldsymbol{p}}{\Delta S} \tag{3.1}$$

则 $\boldsymbol{t}^{(n)}$ 称为分离体表面在 P 点的面力(traction)，表示位于 P 点单位面积上正侧物质对负侧物质的作用力。一般情况下，面力 $\boldsymbol{t}^{(n)}$ 的方向与表面的外法向量 $\boldsymbol{n}$ 不一致。

3.2 应力分量

在笛卡尔直角坐标系中，基向量为 $\boldsymbol{e}_i$。如图3.2所示，考察一单元体，$\boldsymbol{t}_1$ 为 $\boldsymbol{e}_1$ 面上的面力，即垂直于 x_1 轴的平面单位面积上正侧物质对负侧物质的作用力，通常 $\boldsymbol{t}_1$ 不与该平面垂直。同理，$\boldsymbol{t}_2$ 和 $\boldsymbol{t}_3$ 为单元体 $\boldsymbol{e}_2$ 和 $\boldsymbol{e}_3$ 面上的面力。

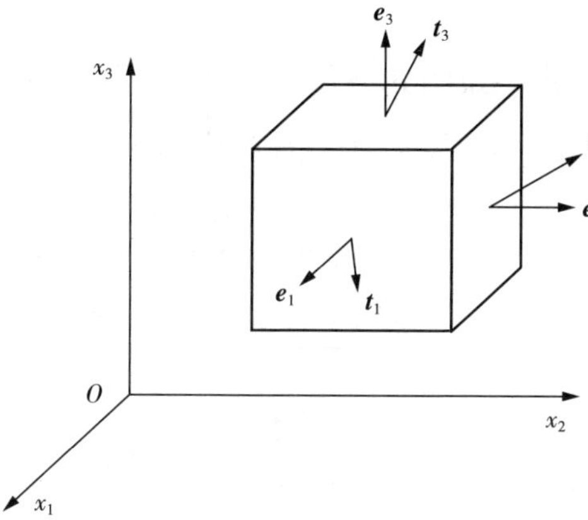

图 3.2 单元体上的面力分布

将面力向量 $\boldsymbol{t}_1$，$\boldsymbol{t}_2$，$\boldsymbol{t}_3$ 在坐标系中分解，可以得到

$$\begin{aligned} \boldsymbol{t}_1 &= T_{11}\boldsymbol{e}_1 + T_{12}\boldsymbol{e}_2 + T_{13}\boldsymbol{e}_3, \\ \boldsymbol{t}_2 &= T_{21}\boldsymbol{e}_1 + T_{22}\boldsymbol{e}_2 + T_{23}\boldsymbol{e}_3, \\ \boldsymbol{t}_3 &= T_{31}\boldsymbol{e}_1 + T_{32}\boldsymbol{e}_2 + T_{33}\boldsymbol{e}_3 \end{aligned} \tag{3.2}$$

用矩阵表示为

$$\begin{pmatrix} \boldsymbol{t}_1 \\ \boldsymbol{t}_2 \\ \boldsymbol{t}_3 \end{pmatrix} = \begin{pmatrix} T_{11} & T_{12} & T_{13} \\ T_{21} & T_{22} & T_{23} \\ T_{31} & T_{32} & T_{33} \end{pmatrix} \begin{pmatrix} \boldsymbol{e}_1 \\ \boldsymbol{e}_2 \\ \boldsymbol{e}_3 \end{pmatrix} \tag{3.3}$$

或

$$\boldsymbol{t}_i = T_{ij}\boldsymbol{e}_j \quad (i=1,\ 2,\ 3) \tag{3.4}$$

因 $\boldsymbol{e}_i \cdot \boldsymbol{e}_j = \delta_{ij}$，由式(3.4)可进一步得到

$$\boldsymbol{t}_i \cdot \boldsymbol{e}_j = T_{ik}\boldsymbol{e}_k \cdot \boldsymbol{e}_j = T_{ik}\delta_{kj} = T_{ij}$$

即

$$T_{ij} = \boldsymbol{t}_i \cdot \boldsymbol{e}_j \tag{3.5}$$

式中，T_{ij} 为应力分量，如图 3.3 所示。其中 T_{11}，T_{22}，T_{33} 为正应力分量，T_{12}，T_{13}，T_{21}，T_{23}，T_{31}，T_{32} 为切应力分量。

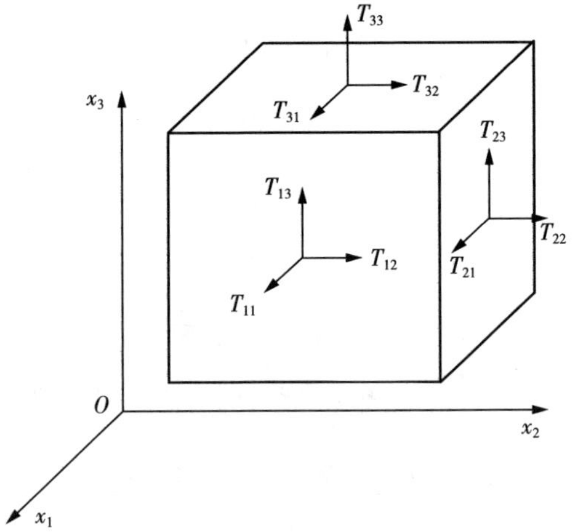

图 3.3　单元体上的应力分量

3.3 任意面上的面力

已知物体内 P 点的应力分量 T_{ij}，现在求过 P 点任一面上的面力。为确定 P 点外法向量为 $\boldsymbol{n}$ 的面上的面力 $\boldsymbol{t}^{(n)}$，如图 3.4 所示，考察一个过 P 点由三个垂直于坐标轴和一个垂直于单位向量 $\boldsymbol{n}$ 的面所构成的微四面体，各垂直于坐标轴的面上的作用力分别为 $-\boldsymbol{t}_1\Delta S_1$，$-\boldsymbol{t}_2\Delta S_2$，$-\boldsymbol{t}_3\Delta S_3$，斜面上的作用力为 $\boldsymbol{t}^{(n)}\Delta S$，其中

$$\Delta S_1 = n_1\Delta S,\quad \Delta S_2 = n_2\Delta S,\quad \Delta S_3 = n_3\Delta S \tag{3.6}$$

其中 n_i 为 $\boldsymbol{n}$ 在 x_i 方向的分量，即 $\boldsymbol{n}$ 与 x_i 轴的方向余弦，故

$$n_i = \boldsymbol{n}\cdot\boldsymbol{e}_i$$

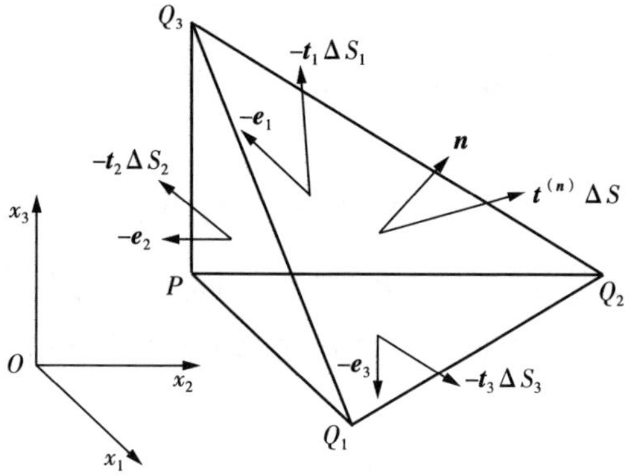

图 3.4　微四面体和面力

设 P 点单位质量的体力为 $\boldsymbol{b}$，加速度为 $\boldsymbol{f}$，由 Cauchy 定律(达朗贝尔原理) 知

$$-\boldsymbol{t}_1\Delta S_1 - \boldsymbol{t}_2\Delta S_2 - \boldsymbol{t}_3\Delta S_3 + \boldsymbol{t}^{(n)}\Delta S + \rho\boldsymbol{b}\Delta V = \rho\boldsymbol{f}\Delta V$$

由此可得

$$\boldsymbol{t}^{(n)} = \boldsymbol{t}_1 n_1 + \boldsymbol{t}_2 n_2 + \boldsymbol{t}_3 n_3 + \rho\frac{\Delta V}{\Delta S}(\boldsymbol{f} - \boldsymbol{b})$$

因 ΔV 是 ΔS 的高阶无穷小量，故当 $\Delta S \to 0$ 时，$\dfrac{\Delta V}{\Delta S} \to 0$。因此

$$\boldsymbol{t}^{(\boldsymbol{n})} = \boldsymbol{t}_1 n_1 + \boldsymbol{t}_2 n_2 + \boldsymbol{t}_3 n_3 = \boldsymbol{t}_i n_i = n_i T_{ij} \boldsymbol{e}_j \tag{3.7}$$

式(3.7)给出了外法向量为 $\boldsymbol{n}$ 的面上的面力与应力分量 T_{ij} 的关系，$\boldsymbol{t}^{(\boldsymbol{n})}$ 在 x_j 方向的分量 $t_j^{(\boldsymbol{n})}$ 为

$$t_j^{(\boldsymbol{n})} = n_i T_{ij} \tag{3.8}$$

式(3.7)的矩阵形式相当于式(3.8)的展开，即

$$\begin{pmatrix} t_1^{(\boldsymbol{n})} \\ t_2^{(\boldsymbol{n})} \\ t_3^{(\boldsymbol{n})} \end{pmatrix} = \begin{pmatrix} T_{11} & T_{21} & T_{31} \\ T_{12} & T_{22} & T_{32} \\ T_{13} & T_{23} & T_{33} \end{pmatrix} \begin{pmatrix} n_1 \\ n_2 \\ n_3 \end{pmatrix} \tag{3.9}$$

3.4 应力分量的变换

T_{ij} 是基向量为 $\boldsymbol{e}_i$ 的直角坐标系下的应力分量。选择不同的坐标系，则有不同的应力分量。设 $\bar{\boldsymbol{e}}_i$ 为新坐标系下的基向量，在新坐标系下的应力分量为 $\overline{T}_{ij}$。根据新、旧坐标系的变换关系，可以得到应力分量 $\overline{T}_{ij}$ 和 T_{ij} 的变换关系。

在第2章中已经给出了新、旧坐标系下基向量之间的关系，即

$$\bar{\boldsymbol{e}}_i = M_{ij} \boldsymbol{e}_j, \qquad \boldsymbol{e}_j = M_{ij} \bar{\boldsymbol{e}}_i \tag{3.10}$$

式中，$\mathbf{M} = (M_{ij})$ 为正交矩阵。在式(3.7)中，选择 $\boldsymbol{n}$ 为 $\bar{\boldsymbol{e}}_1$，由式(3.10)知

$$\bar{\boldsymbol{e}}_1 = M_{11} \boldsymbol{e}_1 + M_{12} \boldsymbol{e}_2 + M_{13} \boldsymbol{e}_3 = M_{1j} \boldsymbol{e}_j$$

式(3.7)中，由于将 $\boldsymbol{n}$ 选作 $\bar{\boldsymbol{e}}_1$，故有 $n_i = M_{1i}$，因此 $\boldsymbol{t}^{(\boldsymbol{n})} = n_i \boldsymbol{t}_i$ 可写成

$$\bar{\boldsymbol{t}}_1 = M_{1i} \boldsymbol{t}_i = M_{1i} T_{ij} \boldsymbol{e}_j = M_{1i} M_{qj} T_{ij} \bar{\boldsymbol{e}}_q$$

同理可得

$$\bar{\boldsymbol{t}}_2 = M_{2i}\boldsymbol{t}_i = M_{2i}T_{ij}\boldsymbol{e}_j = M_{2i}M_{qj}T_{ij}\bar{\boldsymbol{e}}_q,$$

$$\bar{\boldsymbol{t}}_3 = M_{3i}\boldsymbol{t}_i = M_{3i}T_{ij}\boldsymbol{e}_j = M_{3i}M_{qj}T_{ij}\bar{\boldsymbol{e}}_q$$

一般形式为

$$\bar{\boldsymbol{t}}_p = M_{pi}M_{qj}T_{ij}\bar{\boldsymbol{e}}_q \tag{3.11}$$

由式(3.4)，类似地，定义 $\bar{\boldsymbol{t}}_p$ 在基向量 $\bar{\boldsymbol{e}}_q$ 下的形式：

$$\bar{\boldsymbol{t}}_p = \bar{T}_{pq}\bar{\boldsymbol{e}}_q \tag{3.12}$$

比较式(3.11)和式(3.12)，得

$$\bar{T}_{pq} = M_{pi}M_{qj}T_{ij} \tag{3.13}$$

以上分析表明，应力分量 T_{ij} 符合式(2.77)二阶张量分量的变换法则，因此，$\boldsymbol{T} = T_{ij}\boldsymbol{e}_i \otimes \boldsymbol{e}_j$ 是一个二阶张量，通常称为Cauchy应力张量。旧坐标系下应力分量为 T_{ij}，对应于基向量 $\boldsymbol{e}_i$；新坐标系下应力分量为 $\bar{T}_{ij}$，对应于基向量 $\bar{\boldsymbol{e}}_i$。Cauchy应力可由物体变形后的尺寸计算得到，因而是真实应力(true stress)。除了Cauchy应力，还有其他一些类型的应力，这些将在本书7.5节讨论。

将 $\boldsymbol{T}$ 和 $\bar{\boldsymbol{T}}$ 的分量分别写成矩阵形式 $\mathbf{T} = (T_{ij})$ 和 $\bar{\mathbf{T}} = (\bar{T}_{ij})$，则式(3.13)可表示为

$$\bar{\mathbf{T}} = \mathbf{M}\mathbf{T}\mathbf{M}^{\mathrm{T}} \tag{3.14}$$

用式(3.14)计算新坐标系中的应力分量只需用到矩阵乘法，因而非常方便。在已知应力张量 $\boldsymbol{T}$ 的条件下，外法向量为 $\boldsymbol{n}$ 的面上的面力向量可通过它们的点积得出，即式(3.8)又可写成

$$\boldsymbol{t}^{(\boldsymbol{n})} = \boldsymbol{n} \cdot \boldsymbol{T} \tag{3.15}$$

3.5　平衡方程

在物体 $\mathscr{B}$ 中取一区域 $\mathscr{R}$，其表面为 $\mathscr{S}$，表面上一点的外法向单位向

量为$\boldsymbol{n}$。假设物体处于平衡状态，则作用于$\mathscr{S}$围成的物体上所有外力的合力和对坐标原点O的合力偶矩均等于零。

作用在物体上的外力包括表面$\mathscr{S}$上的面力$\boldsymbol{t}^{(\boldsymbol{n})}$和物体的体力$\rho\boldsymbol{b}$。合力可通过这些力对整个表面和整个体积积分得到。因此，合力等于零要求

$$\iint_{\mathscr{S}}\boldsymbol{t}^{(\boldsymbol{n})}\mathrm{d}S+\iiint_{\mathscr{R}}\rho\boldsymbol{b}\,\mathrm{d}V=\boldsymbol{0} \tag{3.16}$$

对O点合力偶矩等于零要求

$$\iint_{\mathscr{S}}\boldsymbol{x}\times\boldsymbol{t}^{(\boldsymbol{n})}\mathrm{d}S+\iiint_{\mathscr{R}}\rho\boldsymbol{x}\times\boldsymbol{b}\mathrm{d}V=\boldsymbol{0} \tag{3.17}$$

式中，$\boldsymbol{x}$为位置向量，即从原点O到该点的矢径。

将式(3.16)和式(3.17)用分量表示：

$$\iint_{\mathscr{S}}n_iT_{ij}\,\mathrm{d}S+\iiint_{\mathscr{R}}\rho b_j\,\mathrm{d}V=0 \tag{3.18}$$

$$\iint_{\mathscr{S}}e_{ipq}x_pn_rT_{rq}\,\mathrm{d}S+\iiint_{\mathscr{R}}\rho e_{ipq}x_pb_q\mathrm{d}V=0 \tag{3.19}$$

利用散度定理，可得

$$\iiint_{\mathscr{R}}\left(\frac{\partial T_{ij}}{\partial x_i}+\rho b_j\right)\mathrm{d}V=0 \tag{3.20}$$

$$\iiint_{\mathscr{R}}e_{ipq}\left[\frac{\partial}{\partial x_r}(x_pT_{rq})+\rho x_pb_q\right]\mathrm{d}V=0 \tag{3.21}$$

因在任何区域$\mathscr{R}$中上式均成立，所以式(3.20)和式(3.21)中被积函数必为零，即

$$\frac{\partial T_{ij}}{\partial x_i}+\rho b_j=0 \tag{3.22}$$

$$e_{ipq}\left[\frac{\partial}{\partial x_r}(x_pT_{rq})+\rho x_pb_q\right]=0 \tag{3.23}$$

又因$\dfrac{\partial x_p}{\partial x_r}=\delta_{pr}$，式(3.23)可写成

$$e_{ipq}\left[x_p\left(\frac{\partial T_{rq}}{\partial x_r}+\rho b_q\right)+T_{pq}\right]=0$$

利用式(3.22)，可得

$$e_{ipq}T_{pq}=0$$

即

$$T_{pq}=T_{qp} \tag{3.24}$$

式(3.22)即为Cauchy应力满足的平衡方程，式(3.24)为切应力互等定理，说明Cauchy应力是一个对称张量。

3.6 主应力、应力主轴和应力不变量

由于应力张量是对称的，可以找到一组坐标，在该坐标系中应力分量矩阵退化为对角形式。对应于应力矩阵为对角阵的特殊坐标轴称为应力主轴，相应的正应力为主应力，知道主应力可以帮助我们直观地认识一点的应力状态。

现在来分析一点的主应力。通常过P点外法向量为$\boldsymbol{n}$的面上的面力向量$\boldsymbol{t}^{(n)}$与法向量$\boldsymbol{n}$的方向不一致，$\boldsymbol{t}^{(n)}$在法向和切向各有一个分量。然而在某些特殊方位的截面上，$\boldsymbol{t}^{(n)}$与$\boldsymbol{n}$的方向一致。

若$\boldsymbol{t}^{(n)}$与$\boldsymbol{n}$方向一致，则

$$\boldsymbol{t}^{(n)}=T\boldsymbol{n}$$

式中，T为$\boldsymbol{t}^{(n)}$的模。由式(3.15)，有

$$\boldsymbol{n}\cdot\boldsymbol{T}=T\boldsymbol{n}\quad\text{或}\quad n_iT_{ij}=Tn_j$$

即

$$(T_{ij}-T\delta_{ij})n_i=0$$

或

$$\begin{pmatrix} T_{11}-T & T_{21} & T_{31} \\ T_{12} & T_{22}-T & T_{32} \\ T_{13} & T_{23} & T_{33}-T \end{pmatrix}\begin{pmatrix} n_1 \\ n_2 \\ n_3 \end{pmatrix}=\mathbf{0}$$

由 2.13 节知，T 是 $\boldsymbol{T}$ 的三个主应力分量 T_1，T_2，T_3 之一，$\boldsymbol{n}$ 为对应的主方向，三个主方向的单位向量分别为 $\boldsymbol{n}^{(1)}$，$\boldsymbol{n}^{(2)}$，$\boldsymbol{n}^{(3)}$。若它们为正交向量，并作为基向量，则对应的应力分量矩阵是一个对角线矩阵，对角线元素分别为 T_1，T_2，T_3。主应力分量为方程

$$\det(T_{ij}-T\delta_{ij})=0 \tag{3.25}$$

的三个根。

主应力分量 T_1，T_2，T_3 是按代数值从大到小排列的，即 $T_1 \geqslant T_2 \geqslant T_3$。若式(3.25)有两个或三个等根，主轴就不再是唯一的。

【例 3.1】 已知 P 点应力张量的矩阵为

$$\mathbf{T}=\begin{pmatrix} 1 & 2 & 3 \\ 2 & 4 & 6 \\ 3 & 6 & 1 \end{pmatrix}$$

试求：

(1) 过 P 点垂直于 x_1 轴的平面上的面力 $\boldsymbol{t}$；

(2) 过 P 点法线的方向比为 $1:-1:2$ 的平面上的面力 $\boldsymbol{t}$；

(3) 过 P 点平行于平面 $2x_1-2x_2-x_3=0$ 的平面上的面力 $\boldsymbol{t}$；

(4) 过 P 点平行于平面 $2x_1-2x_2-x_3=0$ 的平面上的面力 $\boldsymbol{t}$ 的法向分量；

(5) P 点的主应力分量；

(6) P 点的应力主轴方向。

解：

(1) 垂直于 x_1 轴平面的单位法向量为$(1 \quad 0 \quad 0)^{\mathrm{T}}$，由式(3.15)可得该面上的面力为

$$\mathbf{t}=\mathbf{T}^{\mathrm{T}}\mathbf{n}=\begin{pmatrix}1&2&3\\2&4&6\\3&6&1\end{pmatrix}\begin{pmatrix}1\\0\\0\end{pmatrix}=\begin{pmatrix}1\\2\\3\end{pmatrix}$$

(2) 该平面的单位法向量是$(1/\sqrt{6} \quad -1/\sqrt{6} \quad 2/\sqrt{6})^{\mathrm{T}}$，面力为

$$\mathbf{t}=\mathbf{T}^{\mathrm{T}}\mathbf{n}=\frac{1}{\sqrt{6}}\begin{pmatrix}1&2&3\\2&4&6\\3&6&1\end{pmatrix}\begin{pmatrix}1\\-1\\2\end{pmatrix}=\frac{1}{\sqrt{6}}\begin{pmatrix}5\\10\\-1\end{pmatrix}$$

(3) 该平面的单位法向量是$(2/3 \quad -2/3 \quad -1/3)^{\mathrm{T}}$，面力为

$$\mathbf{t}=\mathbf{T}^{\mathrm{T}}\mathbf{n}=\frac{1}{3}\begin{pmatrix}1&2&3\\2&4&6\\3&6&1\end{pmatrix}\begin{pmatrix}2\\-2\\-1\end{pmatrix}=\frac{1}{3}\begin{pmatrix}-5\\-10\\-7\end{pmatrix}$$

(4) 该平面上面力的法向分量为 $\boldsymbol{n}\cdot\boldsymbol{t}$，其值为

$$\mathbf{n}^{\mathrm{T}}\mathbf{t}=\frac{1}{9}(2 \quad -2 \quad -1)\begin{pmatrix}-5\\-10\\-7\end{pmatrix}=\frac{17}{9}$$

(5) 主应力分量是特征方程

$$\begin{vmatrix}1-T&2&3\\2&4-T&6\\3&6&1-T\end{vmatrix}=0$$

的解。可解得，$T_1=10$，$T_2=0$，$T_3=-4$。

(6) 为求应力主方向，将 $T_1=10$ 代入特征方程，得

$$\begin{pmatrix} 1-10 & 2 & 3 \\ 2 & 4-10 & 6 \\ 3 & 6 & 1-10 \end{pmatrix}\begin{pmatrix} n_1^{(1)} \\ n_2^{(1)} \\ n_3^{(1)} \end{pmatrix}=0$$

可解得 $n_1^{(1)}:n_2^{(1)}:n_3^{(1)}=3:6:5$，因而单位向量的分量矩阵为 $\mathbf{n}^{(1)}=\frac{1}{\sqrt{70}}(3\quad 6\quad 5)^{\mathrm{T}}$。

同理可得，$\mathbf{n}^{(2)}=\frac{1}{\sqrt{5}}(-2\quad 1\quad 0)^{\mathrm{T}}$，$\mathbf{n}^{(3)}=\frac{1}{\sqrt{14}}(1\quad 2\quad -3)^{\mathrm{T}}$。单位向量 $\boldsymbol{n}^{(1)}$，$\boldsymbol{n}^{(2)}$，$\boldsymbol{n}^{(3)}$ 是应力主方向的单位向量，显然，它们是相互正交的。

【例 3.2】 证明：过 P 点不同方位面上的正应力分量中，T_1 是最大的正应力分量，T_3 是最小的正应力分量(假设 T_1，T_2，T_3 互不相等)。

证明：

选择坐标轴与应力张量的主轴方向一致，则应力张量的矩阵为

$$\mathbf{T}=\begin{pmatrix} T_1 & 0 & 0 \\ 0 & T_2 & 0 \\ 0 & 0 & T_3 \end{pmatrix}$$

外法向量为 $\boldsymbol{n}$ 的面上的面力为

$$\boldsymbol{t}^{(\boldsymbol{n})}=n_i T_{ij}\boldsymbol{e}_j=(n_1\quad n_2\quad n_3)\begin{pmatrix} T_{11} & T_{12} & T_{13} \\ T_{21} & T_{22} & T_{23} \\ T_{31} & T_{32} & T_{33} \end{pmatrix}\begin{pmatrix} \boldsymbol{e}_1 \\ \boldsymbol{e}_2 \\ \boldsymbol{e}_3 \end{pmatrix}$$

$$=(n_1 \quad n_2 \quad n_3)\begin{pmatrix} T_1 & 0 & 0 \\ 0 & T_2 & 0 \\ 0 & 0 & T_3 \end{pmatrix}\begin{pmatrix} \boldsymbol{e}_1 \\ \boldsymbol{e}_2 \\ \boldsymbol{e}_3 \end{pmatrix}$$

$$=n_1 T_1 \boldsymbol{e}_1 + n_2 T_2 \boldsymbol{e}_2 + n_3 T_3 \boldsymbol{e}_3$$

$\boldsymbol{t}^{(n)}$ 在该面上的法向分量为

$$\sigma^{(\boldsymbol{n})} = \boldsymbol{n} \cdot \boldsymbol{t}^{(\boldsymbol{n})} = (n_1 \quad n_2 \quad n_3)\begin{pmatrix} n_1 T_1 \\ n_2 T_2 \\ n_3 T_3 \end{pmatrix} = n_1^2 T_1 + n_2^2 T_2 + n_3^2 T_3$$

因为 $n_1^2 + n_2^2 + n_3^2 = 1$，且 $T_1 > T_2 > T_3$，所以

$$\sigma^{(\boldsymbol{n})} \leqslant n_1^2 T_1 + n_2^2 T_1 + n_3^2 T_1 = (n_1^2 + n_2^2 + n_3^2) T_1 = T_1$$

当 $n_1 = \pm 1$，$n_2 = 0$，$n_3 = 0$ 时，$\sigma^{(\boldsymbol{n})}$ 最大，等于 T_1，因此 T_1 是最大的正应力分量。

又因为

$$\sigma^{(\boldsymbol{n})} \geqslant n_1^2 T_3 + n_2^2 T_3 + n_3^2 T_3 = (n_1^2 + n_2^2 + n_3^2) T_3 = T_3$$

当 $n_1 = 0$，$n_2 = 0$，$n_3 = \pm 1$ 时，$\sigma^{(\boldsymbol{n})}$ 最小，等于 T_3，因此 T_3 是最小的正应力分量。

因 $\boldsymbol{T}$ 为二阶对称张量，2.13 节指出 $\boldsymbol{T}$ 存在三个独立的不变量，分别记为 J_1，J_2，J_3，它们分别是

$$J_1 = T_1 + T_2 + T_3 = \mathrm{tr}\,\boldsymbol{T} = T_{ii},$$

$$J_2 = -(T_2 T_3 + T_3 T_1 + T_1 T_2)$$

$$= \frac{1}{2}[\mathrm{tr}\,\boldsymbol{T}^2 - (\mathrm{tr}\,\boldsymbol{T})^2] \tag{3.26}$$

$$= \frac{1}{2}(T_{ij} T_{ij} - T_{ii} T_{jj}),$$

$$J_3 = T_1 T_2 T_3 = \det \boldsymbol{T}$$

以上是对 Cauchy 应力张量的分析。若张量不对称，则既不能保证存在实数主值，也不可能通过旋转坐标将其简化为对角形式。因此，对称性是一个非常重要的特性。

3.7 切应力

垂直于 x_1 轴平面上的正应力大小为 T_{11}，切应力由该面上其他两个面力分量 $T_{12}\boldsymbol{e}_2$ 和 $T_{13}\boldsymbol{e}_3$ 合成，因此切应力的大小为$\sqrt{T_{12}^2 + T_{13}^2}$，方向位于该面内。

外法向量为 $\boldsymbol{n}$ 的截面上，面力 $\boldsymbol{t}^{(\boldsymbol{n})}$ 在该面上的法向分量为 $\boldsymbol{n} \cdot \boldsymbol{t}^{(\boldsymbol{n})} = n_i n_j T_{ij}$。该面上的切应力为面力 $\boldsymbol{t}^{(\boldsymbol{n})}$ 在垂直于 $\boldsymbol{n}$ 方向的分量，即

$$\boldsymbol{t}^{(\boldsymbol{n})} - (\boldsymbol{n} \cdot \boldsymbol{t}^{(\boldsymbol{n})})\boldsymbol{n} = T_{rs} n_r (\delta_{sj} - n_s n_j) \boldsymbol{e}_j \tag{3.27}$$

3.8 应力偏量

实际应用中，常把应力 $\boldsymbol{T}$ 分解为平均应力和应力偏量之和，即

$$\boldsymbol{T} = \frac{1}{3} T_{ii} \boldsymbol{I} + \boldsymbol{S} = \frac{1}{3} J_1 \boldsymbol{I} + \boldsymbol{S} \tag{3.28}$$

式中，$\boldsymbol{S}$ 为应力偏量。将式(3.28) 用分量表示：

$$T_{ij} = -p\delta_{ij} + S_{ij} \tag{3.29}$$

式中，

$$p = -\frac{1}{3} J_1 = -\frac{1}{3} \mathrm{tr}\, \boldsymbol{T} \tag{3.30}$$

因此，

$$S_{ij}=T_{ij}-\frac{1}{3}T_{kk}\delta_{ij} \tag{3.31}$$

$$S_{ii}=0 \tag{3.32}$$

若 $S_{ij}=0$，则 $T_{ij}=-p\delta_{ij}$ 称为静水压力状态，p 为静水压力。

S 的主轴与 **T** 相同，主应力分别记为 S_1，S_2，S_3，则

$$S_1+S_2+S_3=0 \tag{3.33}$$

$$\begin{aligned} S_1&=\frac{1}{3}(2T_1-T_2-T_3),\\ S_2&=\frac{1}{3}(2T_2-T_3-T_1),\\ S_3&=\frac{1}{3}(2T_3-T_1-T_2) \end{aligned} \tag{3.34}$$

由式(3.33)可知，S_1，S_2，S_3 中只有两个独立，应力偏量的第一不变量 $J_1'=0$，第二和第三不变量是独立的不变量，分别为

$$\begin{aligned} J_2'&=-(S_2S_3+S_3S_1+S_1S_2)=\frac{1}{2}\mathrm{tr}\,\boldsymbol{S}^2,\\ J_3'&=S_1S_2S_3=\frac{1}{3}\mathrm{tr}\,\boldsymbol{S}^3 \end{aligned} \tag{3.35}$$

3.9 拉梅应力椭球

由式(3.8)可知，在单位外法向量为 $\boldsymbol{n}$ 的任意面上，面力向量 $\boldsymbol{t}^{(\boldsymbol{n})}$ 的分量为

$$t_j^{(\boldsymbol{n})}=n_iT_{ij}$$

将应力张量的主轴选为坐标轴 x_1，x_2，x_3，对应的主应力分别为 T_1，T_2，T_3，则

$$T_{ij}=0 \quad (i\neq j)$$

并且

$$t_1^{(n)}=n_1T_1,\quad t_2^{(n)}=n_2T_2,\quad t_3^{(n)}=n_3T_3 \tag{3.36}$$

因 $\boldsymbol{n}$ 是单位向量，故有

$$n_1^2+n_2^2+n_3^2=1 \tag{3.37}$$

由式(3.36)求出 n_1，n_2，n_3，再代入式(3.37)，得到面力向量 $\boldsymbol{t}^{(n)}$ 的分量 $t_j^{(n)}$ 满足如下方程：

$$\frac{(t_1^{(n)})^2}{T_1^2}+\frac{(t_2^{(n)})^2}{T_2^2}+\frac{(t_3^{(n)})^2}{T_3^2}=1 \tag{3.38}$$

这是一个以 T_1，T_2，T_3 为半轴的直角坐标系中的椭球方程，被称为拉梅(Lamé) 应力椭球，如图 3.5 所示。该椭球的球面是一个自椭球中心出发的向量 $\boldsymbol{t}^{(n)}$ 的终点的集合。

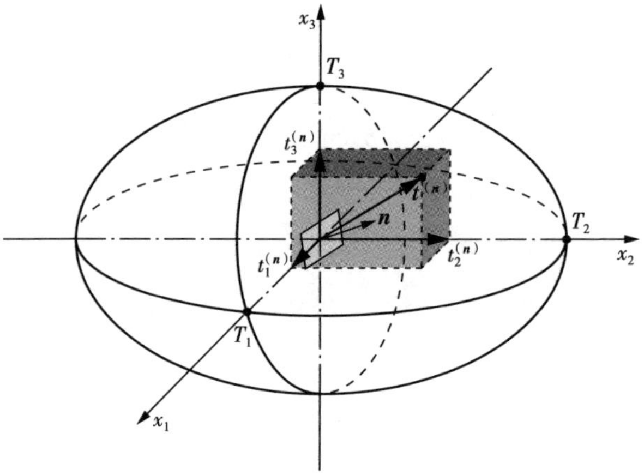

图 3.5　拉梅应力椭球

3.10　几个简单的应力状态

(1) 均匀拉伸与压缩

$$T_{11}=\sigma,\quad T_{22}=T_{33}=T_{23}=T_{31}=T_{12}=0 \tag{3.39}$$

式中，σ 为常数。

(2) 均匀剪切(纯剪切)

在 x_2 为常数的面上，沿 x_1 方向只产生均匀剪切，即

$$T_{21}=\tau,\qquad T_{11}=T_{22}=T_{33}=T_{23}=T_{31}=0 \tag{3.40}$$

式中，τ 为常数。如：黏性流体的层剪切流。

(3) 纯扭转

$$T_{13}=-x_2 g(r),\qquad T_{23}=x_1 g(r),\qquad T_{11}=T_{22}=T_{33}=T_{12}=0 \tag{3.41}$$

式中，$r=\sqrt{x_1^2+x_2^2}$。对应于轴线沿 x_3 的圆柱，两端受到大小相等、方向相反的两个扭转力偶矩作用，体力为零，侧面不受力的状况。

(4) 纯弯曲

$$T_{11}=cx_2,\qquad T_{22}=T_{33}=T_{23}=T_{31}=T_{12}=0 \tag{3.42}$$

式中，c 为常数。

(5) 平面应力

$$T_{33}=T_{13}=T_{23}=0 \tag{3.43}$$

式中，T_{11}，T_{22}，T_{12} 是 x_1 和 x_2 的函数。不考虑体力时，应力分量满足平衡方程

$$\frac{\partial T_{11}}{\partial x_1}+\frac{\partial T_{21}}{\partial x_2}=0,\qquad \frac{\partial T_{12}}{\partial x_1}+\frac{\partial T_{22}}{\partial x_2}=0 \tag{3.44}$$

(6) 静水压力

$$T_{ij}=-p\delta_{ij}$$

即

$$T_{11}=T_{22}=T_{33}=-p,\qquad T_{23}=T_{31}=T_{12}=0 \tag{3.45}$$

任意的三个相互垂直(正交)方向都可认为是主方向，如：液体处在平

衡状态时一点的应力，非黏性流体无论处于平衡还是非平衡状态时一点的应力。静水压力 p 通常是位置的函数。

应力分量满足平衡方程(3.22)，即

$$\begin{cases}\dfrac{\partial T_{11}}{\partial x_1}+\dfrac{\partial T_{21}}{\partial x_2}+\dfrac{\partial T_{31}}{\partial x_3}+\rho b_1=0,\\[2ex]\dfrac{\partial T_{12}}{\partial x_1}+\dfrac{\partial T_{22}}{\partial x_2}+\dfrac{\partial T_{32}}{\partial x_3}+\rho b_2=0,\\[2ex]\dfrac{\partial T_{13}}{\partial x_1}+\dfrac{\partial T_{23}}{\partial x_2}+\dfrac{\partial T_{33}}{\partial x_3}+\rho b_3=0\end{cases}\tag{3.46}$$

因为三个方程有六个应力分量，方程无法求解。尽管如此，方程(3.46)满足任意平衡物体，可以用于检验一些特殊的应力状态。当体力忽略不计时，所有 T_{ij} 为常数，能够满足方程，称之为均匀应力状态。本节中(1) 均匀拉伸与压缩、(2) 均匀剪切两个实例均属于这种应力状态。

习　　题

3.1　设 T_{ij} 是一个应力张量的分量。试求：

(1) $e_{ijk}T_{jk}$；

(2) $e_{ijk}e_{ijt}T_{kt}$。

3.2　已知 P 点的应力张量为

$$(T_{ij})=\begin{pmatrix}1&0&2\\0&3&0\\2&0&5\end{pmatrix}$$

式中，应力分量的单位为 MPa。试求：

(1) 主应力分量；

(2) 最大主应力和最小主应力的方向；

(3) 最大主应力和最小主应力与 x_2 轴的关系。

3.3　已知 P 点的应力张量为

$$(T_{ij})=\begin{pmatrix}1 & 0 & 2\\ 0 & 1 & 0\\ 2 & 0 & -2\end{pmatrix}$$

试求：

(1) 过 P 点法线的方向比 $1:-2:2$ 平面上的面力；

(2) P 点的主应力分量；

(3) P 点的应力主轴方向。

3.4　已知 P 点的应力张量为

$$(T_{ij})=T_0\begin{pmatrix}1 & 1 & 1\\ 1 & 1 & 1\\ 1 & 1 & 1\end{pmatrix}$$

式中，T_0 是一个常数，试求过 P 点八面体各个面上的正应力和切应力。注：八面体的各面都是一个与各坐标面倾斜角度相同的平面。

3.5　在笛卡尔直角坐标系 x_1，x_2，x_3 中，已知应力张量为

$$(T_{ij})=\begin{pmatrix}x^2y & x(1-y^2) & 0\\ x(1-y^2) & (y^3-3y)/3 & 0\\ 0 & 0 & 2z^2\end{pmatrix}$$

点 P 的坐标为$(a,\ 0,\ 2\sqrt{a})$。试求点 P 处的主应力和最大切应力。

3.6　在笛卡尔直角坐标系 x_1，x_2，x_3 中，P 点的应力张量为

$$(T_{ij})=\begin{pmatrix}3 & 2 & 2\\ 2 & 4 & 0\\ 2 & 0 & 2\end{pmatrix}$$

式中，应力分量的单位为 MPa。试求：

(1) 过 P 点，垂直于 x_1 轴的平面上的面力；

(2) 过 P 点，法线方向比为 1∶−3∶2 的平面上的面力；

(3) 过 P 点，平行于面 $x_1+2x_2+3x_3=1$ 的平面上的面力；

(4) P 点的主应力分量；

(5) P 点的应力主轴方向，并验证应力主轴是相互正交的。

若坐标 $\bar{x}_1$，$\bar{x}_2$，$\bar{x}_3$ 与 x_1，x_2，x_3 有以下关系：

$$\bar{x}_1=\frac{1}{3}(x_1-2x_2+2x_3),$$

$$\bar{x}_2=\frac{1}{3}(-2x_1+x_2+2x_3),$$

$$\bar{x}_3=-\frac{1}{3}(2x_1+2x_2+x_3)$$

试证明该变换为正交变换，并求出上述定义的应力张量在新坐标系中的分量，用求出的结果检验(4) 和(5) 的结果。

3.7　边界为 $x_1=\pm l$ 和 $x_2=\pm h$ 的薄板，其应力分量为

$$T_{11}=Wm^2\cos\left(\frac{\pi x_1}{2l}\right)\sinh mx_2,$$

$$T_{22}=-\frac{\pi^2 W}{4l^2}\cos\left(\frac{\pi x_1}{2l}\right)\sinh mx_2,$$

$$T_{12}=\frac{\pi W m}{2l}\sin\left(\frac{\pi x_1}{2l}\right)\cosh mx_2,$$

$$T_{13}=T_{23}=T_{33}=0$$

式中，W 和 m 为常数，sinh 为双曲正弦函数，cosh 为双曲余弦函数。

(1) 证明应力满足无体力情况下的平衡方程；

(2) 求出边界 $x_2=h$ 和 $x_1=-l$ 上的面力；

(3) 求出点(0，h，0) 和(l，0，0) 的主应力分量和应力主方向。

3.8　在笛卡尔直角坐标系 x_1，x_2，x_3 中，物体内一点处的应力张量为

$$(T_{ij})=\begin{pmatrix}3 & 2 & 2\\ 2 & 4 & 0\\ 2 & 0 & 2\end{pmatrix}$$

试求该点的主应力分量和应力不变量 J_1，J_2，J_3。

3.9　长为 l、半径为 a 的圆柱体，其轴线与 x_3 轴重合，端部位于 $x_3=0$ 和 $x_3=-l$ 的两个面上。圆柱受到轴向拉伸、弯曲和扭转，因此应力张量为

$$(T_{ij})=\begin{pmatrix}0 & 0 & -\alpha x_2\\ 0 & 0 & \alpha x_1\\ -\alpha x_2 & \alpha x_1 & \beta+\gamma x_1+\delta x_2\end{pmatrix}$$

式中，α，β，γ 和 δ 都是常数。

(1) 证明这些应力分量满足无体力条件下的平衡方程；

(2) 证明该圆柱侧面上无面力作用；

(3) 求 $x_3=0$ 端部的面力，以确认端部的轴力为 $\pi a^2\beta$，端部的合力偶矩在 x_1，x_2，x_3 轴上的分量分别为 $\frac{1}{4}\pi a^4\delta$，$-\frac{1}{4}\pi a^4\gamma$，$\frac{1}{2}\pi a^4\alpha$；

(4) 在不考虑弯曲情况下($\gamma=0$ 和 $\delta=0$)，求主应力分量，并证明其中有两个分量在圆柱轴线上是相等的，否则只要 $\alpha\neq 0$ 它们就不等；

(5) 求中间主应力的主方向。

3.10　已知 P 点的应力张量 $\boldsymbol{T}$ 的三个主应力分别是 $T_1=30$ MPa，$T_2=10$ MPa，$T_3=-10$ MPa，应力张量如下：

$$(T_{ij})=\begin{pmatrix}T_{11} & 0 & 0\\ 0 & 1 & 2\\ 0 & 2 & T_{33}\end{pmatrix}\times 10\ \text{MPa}$$

试求应力分量 T_{11} 和 T_{33}。

3.11　在无体力条件下，试确定下列的应力分量是否满足平衡方程。

$$T_{11}=\alpha[x_2^2+\beta(x_1^2-x_2^2)],\quad T_{22}=\alpha[x_1^2+\beta(x_2^2-x_1^2)],$$

$$T_{33}=\alpha\beta(x_1^2+x_2^2)],\quad T_{12}=-2\alpha\beta x_1x_2,\quad T_{13}=T_{23}=0$$

3.12　已知应力分布

$$\mathbf{T}=\begin{pmatrix} x_1+x_2 & T_0(x_1+x_2) & 0 \\ T_0(x_1+x_2) & x_1-2x_2 & 0 \\ 0 & 0 & x_2 \end{pmatrix}$$

试求 T_0，使得应力分布满足无体力条件下的平衡方程，并使在 $x_1=1$ 面上的面力为 $\boldsymbol{t}^{(n)}=(1+x_1)\boldsymbol{e}_1+(5-x_2)\boldsymbol{e}_2$。

第 4 章　运动与变形

4.1　物体的构形与坐标系

任一物体在空间中都占据一定的区域，构成一个空间几何图形，这个空间几何图形称为物体的构形。物体的空间位置随时间的变化称为运动，物体运动时其构形也发生变化。本书中把物体即将开始但尚未运动的时刻 $t=0$ 作为计算时间的起点，此时物体的构形称为初始构形 $\mathscr{B}_0$，并把初始构形选作参考构形；在所讨论的瞬时 $t=t$，物体的空间图形称为现时构形 $\mathscr{B}$。如果把现时构形选作参考构形，则是一种流动参考构形。在初始构形和现时构形之间的任一构形称为中间构形，有些情况也选中间构形作为参考构形。本书中初始构形中的物理量都用大写字母表示，现时构形中物理量均用小写字母表示。在一般情况下，大写加粗字母表示张量，但在初始构形中的向量也用大写加粗字母表示，如位置向量 $\boldsymbol{X}$，线单元的单位向量 $\boldsymbol{A}$，表面法向量 $\boldsymbol{N}$ 等；小写加粗字母表示现时构形中的向量，但为了习惯，也用一些小写加粗希腊字母表示张量，如拉格朗日应变张量 $\boldsymbol{\gamma}$，欧拉应变张量 $\boldsymbol{\eta}$ 等。

为了确定初始构形 $\mathscr{B}_0$中的位置，引入物质坐标系或拉格朗日坐标系 $OX_1X_2X_3$。点 X 的位置由其在物质坐标系中的坐标 $X_R(R=1,2,3)$ 确定，或由点 X 到原点 O 的位置向量 $\boldsymbol{X}$ 确定。显然，物质点在初始时刻 $t=0$ 的位置可用 X_R 确定；反之，X_R 可用作识别物体中不同物质点的标志，故通常称 X_R 为物质坐标。物质坐标和初始构形固结在一起。另一种坐标系是和空间固结在一起，称为空间坐标系或欧拉坐标系 $ox_1x_2x_3$。物质点 X 在空间坐标系中的位置由 x 确定，或由 x 到坐标原点 o 的位置向量 $\boldsymbol{x}$ 确定。本书中两种坐标系均采用笛卡尔直角坐标系。空间坐标系 $ox_1x_2x_3$ 可以选择和物质坐标系 $OX_1X_2X_3$ 重合，也可以不重合。两者不重合时，对理解运动学方面的问题具有优势。若两者重合，如图 4.1 所示，在实际计算中可以带来很多方便，因此本书中采用两者重合的坐标系。由以上描述可知，不同时刻 X 运动到空间不同的点 x，有

$$\boldsymbol{x}=\boldsymbol{x}(\boldsymbol{X},\ t) \quad \text{或} \quad x_i=x_i(X_R,\ t) \quad (i,\ R=1,\ 2,\ 3) \tag{4.1}$$

不考虑时间影响时，则

$$\boldsymbol{x}=\boldsymbol{x}(\boldsymbol{X}) \quad \text{或} \quad x_i=x_i(X_R) \quad (i,\ R=1,\ 2,\ 3) \tag{4.2}$$

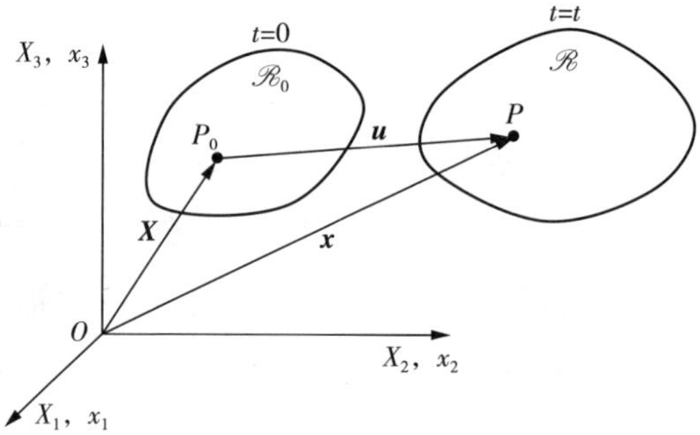

图 4.1　物质坐标系和空间坐标系

对于雅可比行列式

$$|x_{i,\ K}|=\left|\frac{\partial x_i}{\partial X_K}\right|=\begin{vmatrix} \dfrac{\partial x_1}{\partial X_1} & \dfrac{\partial x_1}{\partial X_2} & \dfrac{\partial x_1}{\partial X_3} \\ \dfrac{\partial x_2}{\partial X_1} & \dfrac{\partial x_2}{\partial X_2} & \dfrac{\partial x_2}{\partial X_3} \\ \dfrac{\partial x_3}{\partial X_1} & \dfrac{\partial x_3}{\partial X_2} & \dfrac{\partial x_3}{\partial X_3} \end{vmatrix} \neq 0 \tag{4.3}$$

的点，式(4.1) 存在逆变换，从而可以找到 $t=t$ 时刻位于 x 的物质点 X，有

$$\boldsymbol{X}=\boldsymbol{X}(\boldsymbol{x},\ t) \quad \text{或} \quad X_R=X_R(x_i,\ t) \tag{4.4}$$

式(4.1) 和式(4.4) 是两种坐标系间的相互变换关系。在式(4.1) 中，固定 X_R，则 x_i 便代表质点 X 的运动轨迹；固定时间 t，x_i 便代表给定时刻质点的空间分布。对于一般情形，式(4.1) 表示物质点在现时构形 $\mathscr{B}$ 中的位置，可以由初始构形 $\mathscr{B}_0$ 中的位置和时间 t 来描述，因此可以看成从 $\mathscr{B}_0$ 到 $\mathscr{B}$ 的一个和时间相关的变换。在式(4.4) 中，固定 x_i，则 X_R 便代表不同物质点流过空间 x 的情况；固定时间 t，则 X_R 便代表空间点被哪些物质点所占据。一般情况下，式(4.4) 表示初始构形 $\mathscr{B}_0$ 中物质点的位置 X_R，可由现时构形 $\mathscr{B}$ 中的点 x 和时间 t 确定。

4.2　位移和速度

与式(4.1) 和式(4.4) 相对应，物体的运动和变形的描述通常也采用两种方法，即物质描述和空间描述。在物质描述中选 $\boldsymbol{X}$ 为自变量，观察物理量随物质点的变化，而 $\boldsymbol{X}$ 是不随时间变化的；在空间描述中选 $\boldsymbol{x}$ 为自变量，观察物理量随空间位置的变化。应当注意，一般情形下物质点在不同时刻占据不同的空间位置。

一个质点的位移向量 $\boldsymbol{u}$ 表示其从初始构形中的位置 $\boldsymbol{X}$ 到现时构形中的位置 $\boldsymbol{x}$ 的改变(图 4.1)，即

$$\boldsymbol{u}=\boldsymbol{x}-\boldsymbol{X} \tag{4.5}$$

物质描述中，$\boldsymbol{u}$ 是 $\boldsymbol{X}$ 和 t 的函数，于是

$$\boldsymbol{u}(\boldsymbol{X},\ t)=\boldsymbol{x}(\boldsymbol{X},\ t)-\boldsymbol{X} \tag{4.6}$$

空间描述中，$\boldsymbol{u}$ 是 $\boldsymbol{x}$ 和 t 的函数，于是

$$\boldsymbol{u}(\boldsymbol{x},\ t)=\boldsymbol{x}-\boldsymbol{X}(\boldsymbol{x},\ t) \tag{4.7}$$

质点的速度向量 $\boldsymbol{v}$ 是其位移的变化率。因 X_R 对于一固定质点是常数，利用物质描述更为方便。由式(4.6)得

$$\boldsymbol{v}(\boldsymbol{X},\ t)=\frac{\partial \boldsymbol{u}(\boldsymbol{X},\ t)}{\partial t}=\frac{\partial \boldsymbol{x}(\boldsymbol{X},\ t)}{\partial t} \tag{4.8}$$

分量表示为

$$v_i(X_R,\ t)=\frac{\partial x_i(X_R,\ t)}{\partial t} \tag{4.9}$$

式(4.8)和式(4.9)给出了 $t=0$ 时位于 $\boldsymbol{X}$ 处的质点在 $t=t$ 时刻的速度。利用空间描述，需要用到式(4.4)。

【例 4.1】 一个物体经历的运动方程为

$$x_1=X_1(1+a^2t^2),\qquad x_2=X_2,\qquad x_3=X_3 \tag{4.10}$$

式中，a 为常数。求其在物质描述和空间描述中的位移和速度。

解：

(1) 求位移

由式(4.6)得，物质描述中的位移是

$$\begin{aligned}
u_1&=x_1(X_R,\ t)-X_1=X_1(1+a^2t^2)-X_1=X_1a^2t^2,\\
u_2&=x_2(X_R,\ t)-X_2=0,\\
u_3&=x_3(X_R,\ t)-X_3=0
\end{aligned} \tag{4.11}$$

为得到空间描述中的位移，由式(4.10)可知 $X_1=\frac{x_1}{1+a^2t^2}$，将其代入式(4.11)，可得空间描述中的位移

$$u_1=\frac{x_1a^2t^2}{1+a^2t^2},\qquad u_2=0,\qquad u_3=0 \tag{4.12}$$

(2) 求速度

式(4.10)对 t 求微分(X_R 固定)，得到物质描述中的速度

$$v_1=\frac{\partial x_1(X_R,\ t)}{\partial t}=2a^2X_1t,\qquad v_2=0,\qquad v_3=0 \tag{4.13}$$

即给出了 $t=0$ 时刻位于 $\boldsymbol{X}$ 处的质点在 $t=t$ 时刻的速度。

将由式(4.10) 得到的 $X_1=\dfrac{x_1}{1+a^2t^2}$ 代入式(4.13)，得到空间描述中的速度为

$$v_1=\frac{2a^2x_1t}{1+a^2t^2},\qquad v_2=0,\qquad v_3=0 \tag{4.14}$$

式(4.14) 给出了 $t=t$ 时刻位于 $\boldsymbol{x}$ 处的质点的速度。

4.3　物理量的变化率 —— 物质导数

假设 φ 是物体内随时间和空间变化的某个物理量，则 φ 可认为是时间 t 和物质坐标 X_R(或空间坐标 x_i) 的函数，即

$$\varphi=G(X_R,\ t)=g(x_i,\ t) \tag{4.15}$$

在考虑 φ 的变化率时，通常是对给定质点的 φ 随时间的变化感兴趣，如 4.4 节讨论的加速度，即为质点速度的变化率。

φ 的变化率用$\dfrac{\partial G(X_R,\ t)}{\partial t}$ 求出，式中 X_R 保持不变；而$\dfrac{\partial g(x_i,\ t)}{\partial t}$ 表示x_i 不变时φ 的变化率。当 X_R 为常数，对应的 x_i 是随时间变化的；当 x_i 为常数，对应的 X_R 是随时间变化的。

物质导数(material derivative) 是指一个给定质点的物理量的变化率，采用常规记法$\dfrac{\mathrm{D}\varphi}{\mathrm{D}t}$ 或 $\dot{\varphi}$ 表示一个给定质点的 φ 的变化率，故

$$\frac{\mathrm{D}\varphi}{\mathrm{D}t}=\dot{\varphi}=\frac{\partial G(X_R,\ t)}{\partial t} \tag{4.16}$$

由于 $\varphi=g[x_i(X_R,\ t),\ t]=g[x_1(X_R,\ t),\ x_2(X_R,\ t),\ x_3(X_R,\ t),\ t]$，因此，

$$\frac{\mathrm{D}\varphi}{\mathrm{D}t}=\frac{\partial g[x_i(X_R, t), t]}{\partial t}$$

$$=\frac{\partial g(x_i, t)}{\partial x_1}\frac{\partial x_1(X_R, t)}{\partial t}+\frac{\partial g(x_i, t)}{\partial x_2}\frac{\partial x_2(X_R, t)}{\partial t}$$

$$+\frac{\partial g(x_i, t)}{\partial x_3}\frac{\partial x_3(X_R, t)}{\partial t}+\frac{\partial g(x_i, t)}{\partial t}$$

利用求和约定，上式可写成

$$\frac{\mathrm{D}\varphi}{\mathrm{D}t}=\frac{\partial g(x_i, t)}{\partial x_j}\frac{\partial x_j(X_R, t)}{\partial t}+\frac{\partial g(x_i, t)}{\partial t} \tag{4.17}$$

利用式(4.9)，又可写成

$$\frac{\mathrm{D}\varphi}{\mathrm{D}t}=v_j\frac{\partial g(x_i, t)}{\partial x_j}+\frac{\partial g(x_i, t)}{\partial t} \tag{4.18}$$

或

$$\frac{\mathrm{D}\varphi}{\mathrm{D}t}=\boldsymbol{v}\cdot \mathrm{grad}\ g(x_i, t)+\frac{\partial g(x_i, t)}{\partial t} \tag{4.19}$$

式中，grad 是关于空间坐标 x_i 的梯度。

以上给出了物质导数$\frac{\mathrm{D}\varphi}{\mathrm{D}t}$的公式推导，现利用图 4.2 给出该导数的物理解释。对于一个给定质点的 φ，当时间 t 有一个增量 Δt，增加到 $t+\Delta t$ 时，φ 也有一个相应的增量 $\Delta\varphi$，增加到 $\varphi+\Delta\varphi$。因时间 t 有一个 Δt 的改变，质点的空间位置也从 x_i 移动到 $x_i+\hat{v}_i\Delta t$，其中 $\hat{v}_i$ 表示质点从 t 到 $t+\Delta t$ 时间段的平均速度分量。因此，φ 在 x_i 点 t 时刻的值 $g(x_i, t)$ 到 $x_i+\hat{v}_i\Delta t$ 点 $t+\Delta t$ 时刻的值 $g(x_i+\hat{v}_i\Delta t, t+\Delta t)$ 的增量为

$$\Delta\varphi=g(x_i+\hat{v}_i\Delta t, t+\Delta t)-g(x_i, t)$$

利用二元函数的泰勒展开，当 $\Delta t\rightarrow 0$ 时，略去无穷小项，得到极限

$$\frac{\mathrm{D}\varphi}{\mathrm{D}t}=\lim_{\Delta t\to 0}\frac{\Delta\varphi}{\Delta t}=\lim_{\Delta t\to 0}\left(\hat{v}_j\ \frac{\partial g(x_i,\ t)}{\partial x_j}+\frac{\partial g(x_i,\ t)}{\partial t}+\frac{o(\Delta t)}{\Delta t}\right)$$

$$=v_j\ \frac{\partial g(x_i,\ t)}{\partial x_j}+\frac{\partial g(x_i,\ t)}{\partial t}$$

该式即为式(4.18)。

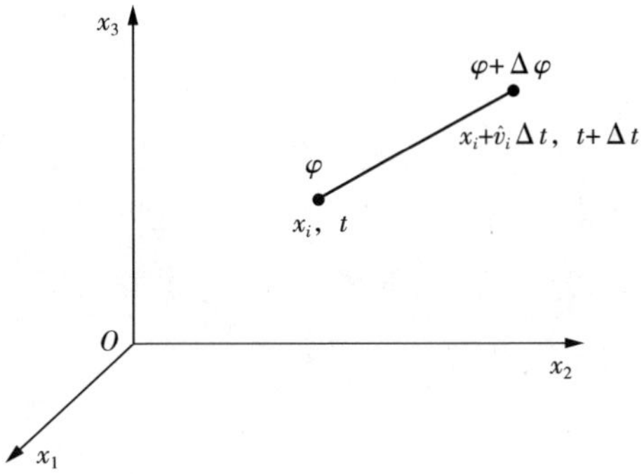

图 4.2　给定质点的 φ 的改变

$G(X_R,\ t)$ 和 $g(x_i,\ t)$ 都可用来表示 φ，为了不引起误会，因而用包含参变量的函数 $\varphi(X_R,\ t)$ 和 $\varphi(x_i,\ t)$ 代替，故有

$$\frac{\mathrm{D}\varphi}{\mathrm{D}t}=\frac{\partial\varphi(X_R,\ t)}{\partial t} \tag{4.20}$$

$$\begin{aligned}\frac{\mathrm{D}\varphi}{\mathrm{D}t}&=v_j\ \frac{\partial\varphi(x_i,\ t)}{\partial x_j}+\frac{\partial\varphi(x_i,\ t)}{\partial t}\\&=\boldsymbol{v}\cdot\mathrm{grad}\varphi(x_i,\ t)+\frac{\partial\varphi(x_i,\ t)}{\partial t}\end{aligned} \tag{4.21}$$

4.4　加速度

用 $\boldsymbol{f}$ 表示质点的加速度，f_i 表示其分量。在物质描述中

$$\begin{aligned}&x_i=x_i(X_R,\ t),\qquad v_i=\frac{\partial x_i(X_R,\ t)}{\partial t},\\&f_i=\frac{\partial v_i(X_R,\ t)}{\partial t}=\frac{\partial^2 x_i(X_R,\ t)}{\partial t^2}\end{aligned} \tag{4.22}$$

用向量表示，则为

$$\boldsymbol{v}=\dot{\boldsymbol{x}}(\boldsymbol{X},\ t),\qquad \boldsymbol{f}=\dot{\boldsymbol{v}}(\boldsymbol{X},\ t)=\ddot{\boldsymbol{x}}(\boldsymbol{X},\ t) \tag{4.23}$$

上式给出的是物质坐标系中的 $\boldsymbol{f}$，为了找到空间坐标表示的加速度，需要将 X_R 用空间坐标 x_i 表示，通常这一关系不是显式关系。

虽然式(4.22) 表达简单，但通常将加速度用速度分量的导数来表示，因而由 4.3 节可得

$$f_i=\frac{\mathrm{D}v_i}{\mathrm{D}t}=\frac{\partial v_i(x_j,\ t)}{\partial t}+v_k\,\frac{\partial v_i(x_j,\ t)}{\partial x_k} \tag{4.24}$$

【例 4.2】 考察式(4.10) 所描述的运动方程，说明式(4.22) 和式(4.24) 在求 f_i 时是等价的。

解：

由式(4.22) 得

$$\begin{aligned}
f_1&=\frac{\partial^2 x_1(X_R,\ t)}{\partial t^2}=\frac{\partial^2[X_1(1+a^2t^2)]}{\partial t^2}=2a^2X_1,\\
f_2&=\frac{\partial^2 x_2(X_R,\ t)}{\partial t^2}=\frac{\partial^2 X_2}{\partial t^2}=0,\\
f_3&=\frac{\partial^2 x_3(X_R,\ t)}{\partial t^2}=\frac{\partial^2 X_3}{\partial t^2}=0
\end{aligned} \tag{4.25}$$

例 4.1 给出了

$$v_1=2a^2X_1t=\frac{2a^2x_1t}{1+a^2t^2},\qquad v_2=0,\qquad v_3=0$$

若 v_i 用空间描述给出，取 $v_1=\dfrac{2a^2x_1t}{1+a^2t^2}$，由式(4.24) 得

$$\begin{aligned}
f_1&=\frac{\partial}{\partial t}\left(\frac{2a^2x_1t}{1+a^2t^2}\right)+\frac{2a^2x_1t}{1+a^2t^2}\,\frac{\partial}{\partial x_1}\left(\frac{2a^2x_1t}{1+a^2t^2}\right)\\
&=\frac{2a^2x_1(1-a^2t^2)}{(1+a^2t^2)^2}+\frac{2a^2x_1t}{(1+a^2t^2)}\,\frac{2a^2t}{(1+a^2t^2)}
\end{aligned} \tag{4.26}$$

$$=\frac{2a^2x_1}{1+a^2t^2},$$

$$f_2=0,\quad f_3=0$$

因 $x_1=X_1(1+a^2t^2)$，可见式(4.25) 与式(4.26) 相同。

4.5　体积分的物质导数

设 $I(t)$ 是连续可导函数 $\varphi(\boldsymbol{x},\ t)$ 的体积分，该函数定义在由给定的一组质点所占的空间域 $\mathscr{R}$ 上：

$$I(t)=\iiint_{\mathscr{R}}\varphi(\boldsymbol{x},\ t)\mathrm{d}V \tag{4.27}$$

函数 $I(t)$ 是时间 t 的函数，因被积函数 $\varphi(\boldsymbol{x},\ t)$ 和空间域 $\mathscr{R}$ 均依赖于参数 t。若 t 变化，则 $I(t)$ 也变化，于是我们可以考察 $I(t)$ 对 t 的变化率。该变化率用 $\frac{\mathrm{D}I}{\mathrm{D}t}$ 表示，称为体积分 I 的物质导数，它是对给定的一组质点定义的。

在计算该变化率时需要注意：物体的边界在 t 时刻为 $\mathscr{S}$，到 $t+\Delta t$ 时刻已经移动到邻近表面 $\mathscr{S}'$，即域 $\mathscr{R}'$ 的边界(图 4.3)。体积分 I 的物质导数定义为

$$\frac{\mathrm{D}I}{\mathrm{D}t}=\lim_{\Delta t\to 0}\frac{1}{\Delta t}\left(\iiint_{\mathscr{R}'}\varphi(\boldsymbol{x},\ t+\Delta t)\mathrm{d}V-\iiint_{\mathscr{R}}\varphi(\boldsymbol{x},\ t)\mathrm{d}V\right) \tag{4.28}$$

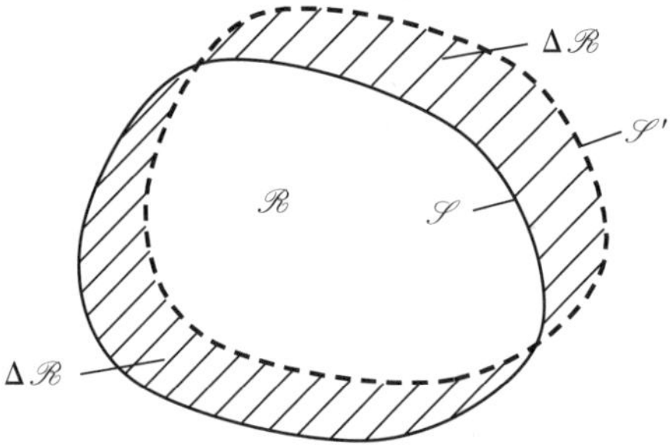

图 4.3　空间域边界的变化

令 $\Delta\mathscr{R}=\mathscr{R}'-\mathscr{R}$，它是在很小的时间间隔 Δt 内物体表面运动所扫过的体积。因为 $\mathscr{R}'=\mathscr{R}+\Delta\mathscr{R}$，式(4.28) 可写成

$$\begin{aligned}\frac{\mathrm{D}I}{\mathrm{D}t}&=\lim_{\Delta t\to 0}\frac{1}{\Delta t}\Big(\iiint_{\mathscr{R}}\varphi(\boldsymbol{x},\ t+\Delta t)\mathrm{d}V+\iiint_{\Delta\mathscr{R}}\varphi(\boldsymbol{x},\ t+\Delta t)\mathrm{d}V-\iiint_{\mathscr{R}}\varphi(\boldsymbol{x},\ t)\mathrm{d}V\Big)\\&=\lim_{\Delta t\to 0}\left\{\frac{1}{\Delta t}\iiint_{\mathscr{R}}[\varphi(\boldsymbol{x},\ t+\Delta t)-\varphi(\boldsymbol{x},\ t)]\mathrm{d}V+\frac{1}{\Delta t}\iiint_{\Delta\mathscr{R}}\varphi(\boldsymbol{x},\ t+\Delta t)\mathrm{d}V\right\}\end{aligned}\tag{4.29}$$

对于一个连续可微的函数 $\varphi(\boldsymbol{x},\ t)$，等号右端第一项是 $\iiint_{\mathscr{R}}\frac{\partial\varphi}{\partial t}\mathrm{d}V$ 值对 $\frac{\mathrm{D}I}{\mathrm{D}t}$ 的贡献。对于等号右端的第二项，考虑到 Δt 为无限小，被积函数可取为边界 $\mathscr{S}$ 上的 $\varphi(\boldsymbol{x},\ t)$，该积分就等于边界 $\mathscr{S}$ 上各质点在时间间隔 Δt 内所扫过的体积与 $\varphi(\boldsymbol{x},\ t)$ 的乘积的总和。设 n_i 是边界 $\mathscr{S}$ 外法向单位向量的分量，由于边界上质点的位移为 $v_i\Delta t$，所以占有边界 S 上面元 $\mathrm{d}S$ 的质点所扫过的体积为 $\mathrm{d}V=n_iv_i\mathrm{d}S\Delta t$。忽略二阶或高阶无穷小量，可以看到该微元对 $\frac{\mathrm{D}I}{\mathrm{D}t}$ 的贡献为 $\varphi v_in_i\mathrm{d}S$，对整个 $\mathscr{S}$ 积分就得到总的贡献。于是有

$$\frac{\mathrm{D}}{\mathrm{D}t}\iiint_{\mathscr{R}}\varphi\mathrm{d}V=\iiint_{\mathscr{R}}\frac{\partial\varphi}{\partial t}\mathrm{d}V+\iint_{\mathscr{S}}\varphi v_in_i\mathrm{d}S\tag{4.30}$$

利用高斯定理对最后的积分进行变换，再利用式(4.21) 可得

$$\begin{aligned}\frac{\mathrm{D}}{\mathrm{D}t}\iiint_{\mathscr{R}}\varphi\mathrm{d}V&=\iiint_{\mathscr{R}}\frac{\partial\varphi}{\partial t}\mathrm{d}V+\iiint_{\mathscr{R}}\frac{\partial}{\partial x_j}(\varphi v_j)\mathrm{d}V\\&=\iiint_{\mathscr{R}}\left(\frac{\partial\varphi}{\partial t}+v_j\frac{\partial\varphi}{\partial x_j}+\varphi\frac{\partial v_j}{\partial x_j}\right)\mathrm{d}V\\&=\iiint_{\mathscr{R}}\left(\frac{\mathrm{D}\varphi}{\mathrm{D}t}+\varphi\frac{\partial v_j}{\partial x_j}\right)\mathrm{d}V\end{aligned}\tag{4.31}$$

由此可见，一般情况下，求物质导数的运算与求体积分的运算是不能相互交换的。

4.6　定常运动、质点迹线和流线

定常运动是指任一点的速度独立于时间，即 $\boldsymbol{v}=\boldsymbol{v}(\boldsymbol{x})$ 或 $v_k=v_k(x_m)$ 的物体运动情况。例如：流体在管道内的匀速流动；流体通过一障碍物很远后的匀速流动。

当 X_R 固定时，式(4.1) 中 $x_i=x_i(X_R, t)$ 代表质点 X 的运动轨迹或迹线，时间 t 是参数。所谓迹线，是指单个质点在连续时间过程内的流动轨迹线，是拉格朗日法描述流动的一种方法。迹线是流体力学中的一个重要概念。流体力学中的另一个重要概念是流线，流线是在任一瞬时 t，其切线和该瞬时质点速度向量方向一致的曲线，是欧拉法描述流动的一种方法。在不同的瞬时，流线是不同的。迹线的微分方程是

$$\mathrm{d}x_i=v_i(X_R, t)\mathrm{d}t \tag{4.32}$$

流线的微分方程是

$$\mathrm{d}x_i=v_i(x_j, t)\mathrm{d}\tau \tag{4.33}$$

在非定常的情况下，迹线和流线是不同的，但在定常情况下，$v_i=v_i(x_j, t)$ 和 t 无关，因而流线和迹线重合。

4.7　刚体运动

物体做一般运动时，不只是发生位置和方位的改变，它的形状和尺寸也将发生变化。形状和尺寸的变化伴随质点间距离的改变。本章前几节我们主要讨论了单质点的运动问题，后面讨论质点间的相对运动关系，微小线单元的大小和方向的变化，以及微单元体的畸变。这

些变化可用变形梯度张量、变形张量和应变张量等物理量来描述。

刚体运动是物体做一般运动的特殊情况。刚体运动中物体 $\mathscr{B}$ 内的任意两点间的距离保持不变，当然任意两条线的夹角也会保持不变。刚体运动可分解为平动和转动。

平动是指物体内每个质点都有相同的位移，即

$$x_i = X_i + c_i(t) \quad 或 \quad \boldsymbol{x} = \boldsymbol{X} + \boldsymbol{c}(t) \tag{4.34}$$

转动是指物体绕着某个轴转过一个角度。图 4.4 中物体 $\mathscr{B}$ 绕 x_3 轴转过一个角度 α，质点 P_0 移动到 P，$NP_0 = NP$，其夹角为 α，运动方程式可写成

$$\begin{aligned} x_1 &= X_1 \cos\alpha - X_2 \sin\alpha, \\ x_2 &= X_1 \sin\alpha + X_2 \cos\alpha, \\ x_3 &= X_3 \end{aligned} \tag{4.35}$$

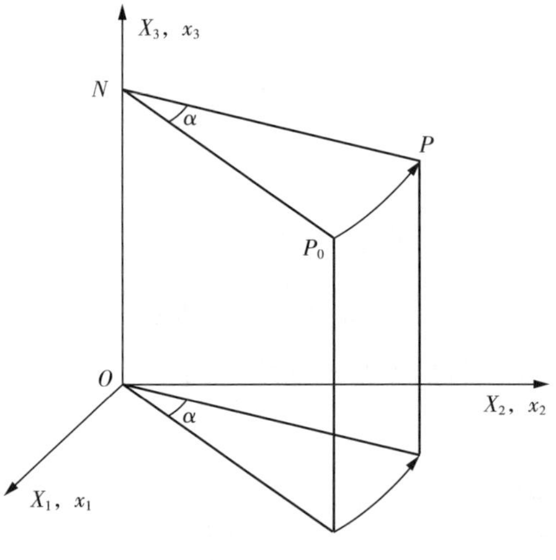

图 4.4　刚体绕 x_3 轴转动示意图

或

$$\boldsymbol{x} = \boldsymbol{Q} \cdot \boldsymbol{X} \tag{4.36}$$

式中，张量 $\boldsymbol{Q}$ 的分量矩阵为

$$(Q_{iR})=\begin{pmatrix}\cos\alpha & -\sin\alpha & 0\\ \sin\alpha & \cos\alpha & 0\\ 0 & 0 & 1\end{pmatrix} \tag{4.37}$$

容易证明 $\boldsymbol{Q}$ 为正交张量，因而有

$$\boldsymbol{X}=\boldsymbol{Q}^{\mathrm{T}}\cdot\boldsymbol{x} \tag{4.38}$$

考察更一般的转动，物体 $\mathscr{B}$ 绕过坐标原点 O 的任一轴转动。轴方向的单位向量为 $\boldsymbol{n}$，转角为 α，沿右手螺旋方向。如图 4.5 所示，OQ 为转动轴，物体 $\mathscr{B}$ 内 P_0 点的位置向量(矢径)为 $\boldsymbol{X}$，转动后 P_0 点移动到 P，位置向量为 $\boldsymbol{x}$。P_0，P 位于一个垂直于 $\boldsymbol{n}$ 方向的平面内。设该平面与 OQ 相交于 N 点，则

$$NP_0=NP,\qquad \alpha=\angle P_0NP$$

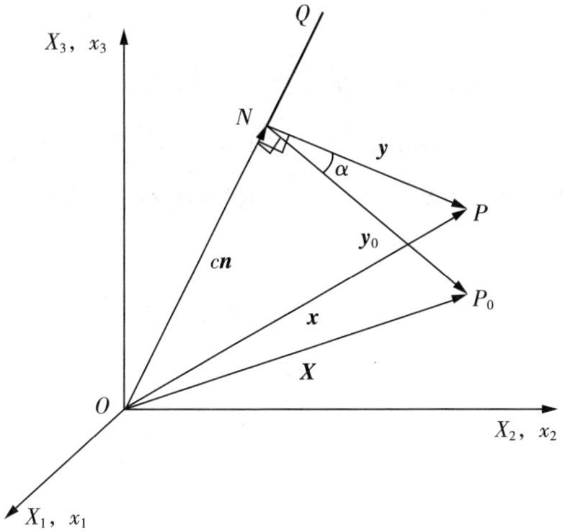

图 4.5　刚体绕过坐标原点 O 的任一轴转动示意图

N 点的位置向量为 $c\boldsymbol{n}$，且

$$c=\boldsymbol{n}\cdot\boldsymbol{X}=\boldsymbol{n}\cdot\boldsymbol{x} \tag{4.39}$$

$$\boldsymbol{X}=c\boldsymbol{n}+\boldsymbol{y}_0,\qquad \boldsymbol{x}=c\boldsymbol{n}+\boldsymbol{y} \tag{4.40}$$

因 $\boldsymbol{y}$ 和 $\boldsymbol{y}_0$ 的模相同，于是

$$\boldsymbol{y}=\boldsymbol{y}_0\cos\alpha+\boldsymbol{n}\times\boldsymbol{y}_0\sin\alpha=(\boldsymbol{X}-c\boldsymbol{n})\cos\alpha+\boldsymbol{n}\times(\boldsymbol{X}-c\boldsymbol{n})\sin\alpha$$

由式(4.39)和式(4.40)得

$$\begin{aligned}\boldsymbol{x}&=c\boldsymbol{n}+(\boldsymbol{X}-c\boldsymbol{n})\cos\alpha+\boldsymbol{n}\times(\boldsymbol{X}-c\boldsymbol{n})\sin\alpha\\&=\boldsymbol{X}\cos\alpha+(\boldsymbol{n}\times\boldsymbol{X})\sin\alpha+c(1-\cos\alpha)\boldsymbol{n}\\&=\boldsymbol{X}\cos\alpha+(\boldsymbol{n}\times\boldsymbol{X})\sin\alpha+(\boldsymbol{n}\cdot\boldsymbol{X})(1-\cos\alpha)\boldsymbol{n}\end{aligned}\tag{4.41}$$

用分量表示，则有

$$x_i=X_i\cos\alpha+e_{ijR}n_jX_R\sin\alpha+(1-\cos\alpha)X_Rn_Rn_i\tag{4.42}$$

或

$$x_i=Q_{iR}X_R$$

式中，

$$Q_{iR}=\delta_{iR}\cos\alpha+e_{ijR}n_j\sin\alpha+(1-\cos\alpha)n_in_R\tag{4.43}$$

显然，让物体 $\mathscr{B}$ 绕一给定的轴旋转一个角度，相当于让物体 $\mathscr{B}$ 固定，坐标系绕该轴向相反方向转过同一角度。因此，$\boldsymbol{Q}$ 是一个正常正交张量，$\boldsymbol{x}=\boldsymbol{Q}\cdot\boldsymbol{X}$ 和 $\boldsymbol{X}=\boldsymbol{Q}^{\mathrm{T}}\cdot\boldsymbol{x}$ 表示一个刚体转动。式(4.43)是该正常正交张量的分量。

任何一个刚体运动均可视为平动和绕某轴转动的组合，当该轴通过坐标原点 O 时，刚体运动可表示为

$$\boldsymbol{x}=\boldsymbol{Q}(t)\cdot\boldsymbol{X}+\boldsymbol{c}(t)\quad\text{或}\quad\boldsymbol{X}=\boldsymbol{Q}^{\mathrm{T}}(t)\cdot\boldsymbol{x}+\boldsymbol{c}_1(t)\tag{4.44}$$

式中，

$$\boldsymbol{c}_1(t)=-\boldsymbol{Q}^{\mathrm{T}}(t)\cdot\boldsymbol{c}(t)$$

4.8 线单元的伸长

一般运动中，物体既有位置和方向的改变，又有形状和尺寸的变

化。形状和尺寸的变化简称为形变或变形。与刚体不同，可发生变形的物体称为可变形体。变形分析中一个主要的任务是将刚体运动从变形中分离出去。

在变形过程中，物体内总会有两点其间的距离产生改变，因此检查材料线单元的伸长可分析变形。考察物体在参考构型 $\mathscr{B}_0$ 中的两点 P_0Q_0 直线段，P_0Q_0 的长度为 ΔL，方向的单位向量为 $\mathbf{A}$。若 P_0 坐标记为 $X_R^{(0)}$，则 Q_0 坐标为 $X_R^{(0)}+A_R\Delta L$。位于 P_0Q_0 在 $t=0$ 时的质点构成一条物质线段。在运动后，这些质点将落入现时构型 $\mathscr{B}$ 中的一条新的曲线线段。

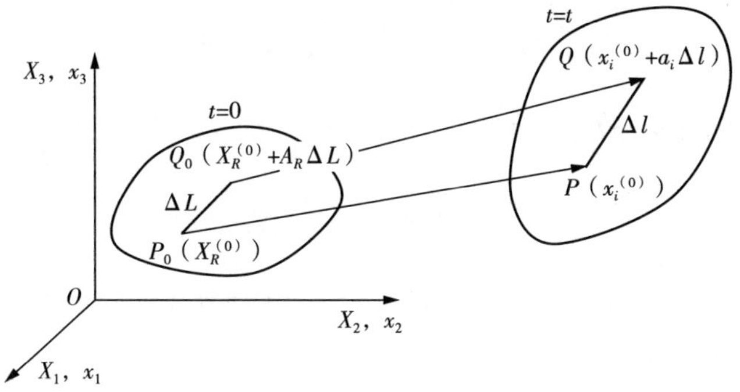

图 4.6　物质线单元伸长示意图

原先在 P_0 和 Q_0 的质点经时间 t 后分别来到 P 和 Q 的位置，线单元长度由 ΔL 变为 Δl，方向由单位向量 $\mathbf{A}$ 变为 $\boldsymbol{a}$。变化关系可描述为

$$P_0 \rightarrow P:\ x_i^{(0)}=x_i(X_R^{(0)}),$$

$$Q_0 \rightarrow Q:\ x_i^{(0)}+a_i\Delta l=x_i(X_R^{(0)}+A_R\Delta L)$$

将第二式泰勒展开，得

$$x_i^{(0)}+a_i\Delta l=x_i(X_R^{(0)})+A_S\Delta L\,\frac{\partial x_i(X_R^{(0)})}{\partial X_S}+o(\Delta L)$$

$$=x_i^{(0)}+A_S\Delta L\,\frac{\partial x_i(X_R^{(0)})}{\partial X_S}+o(\Delta L)$$

因此，当 $\Delta L\to 0$ 时，有

$$a_i\frac{\mathrm{d}l}{\mathrm{d}L}=A_S\frac{\partial x_i(X_R^{(0)})}{\partial X_S} \tag{4.45}$$

式中，$\frac{\mathrm{d}l}{\mathrm{d}L}$ 是变形后的无限小物质线单元长度与变形前的比值，称为线单元的伸长比。用 λ 表示伸长比，则式(4.45)可写成

$$\lambda a_i=A_S\frac{\partial x_i(X_R^{(0)})}{\partial X_S} \tag{4.46}$$

将选定的 $X_R^{(0)}$ 点视为一般的 X_R 点，式(4.46)两边平方，并对指标 i 求和，得

$$(\lambda a_i)(\lambda a_i)=\left(A_S\frac{\partial x_i}{\partial X_S}\right)\left(A_T\frac{\partial x_i}{\partial X_T}\right)$$

因 $\boldsymbol{a}$ 为单位向量，故 $a_ia_i=1$，上式可简化为如下形式：

$$\lambda^2=A_SA_T\frac{\partial x_i}{\partial X_S}\frac{\partial x_i}{\partial X_T} \tag{4.47}$$

由式(4.47)可求得线单元的伸长比 λ，再利用式(4.46)可得到线单元方向的单位向量 $\boldsymbol{a}$。

若变形描述为

$$X_R=X_R(x_i,\ t)\quad 或\quad \boldsymbol{X}=\boldsymbol{X}(\boldsymbol{x},\ t)$$

通过类似以上的分析，可得出

$$A_S=\lambda a_i\frac{\partial X_S}{\partial x_i} \tag{4.48}$$

$$\lambda^{-2}=a_ia_j\frac{\partial X_S}{\partial x_i}\frac{\partial X_S}{\partial x_j} \tag{4.49}$$

4.9 变形梯度张量

在 4.7 节分析质点间相对位置的改变时，有 9 个分量 $\frac{\partial x_i}{\partial X_R}$ 是必须

用到的。因此，$\dfrac{\partial x_i}{\partial X_R}$ 与物体的变形直接相关。现以 X_R 为自变量，由式(4.2)知

$$x_i = x_i(X_R)$$

故有

$$\mathrm{d}x_i = \frac{\partial x_i}{\partial X_R}\mathrm{d}X_R$$

定义

$$F_{iR} = \frac{\partial x_i}{\partial X_R} \tag{4.50}$$

式中，F_{iR} 是二阶张量 $\boldsymbol{F}$ 的分量，$\boldsymbol{F}$ 称为变形梯度张量（deformation gradient tensor）。下面来证明 $\boldsymbol{F}$ 为二阶张量。

引入一个新的笛卡尔直角坐标系，由变换矩阵为 $\mathbf{M}$ 的坐标转动得到。在新的坐标系下，$\overline{X}$ 和 $\bar{x}$ 有分量 $\overline{X}_R$ 和 $\bar{x}_i$，新旧坐标系的变换关系如下：

$$\overline{X}_R = M_{RS}X_S, \qquad \bar{x}_i = M_{ij}x_j;$$

$$X_S = M_{RS}\overline{X}_R, \qquad x_j = M_{ij}\bar{x}_i$$

因此，有

$$\overline{F}_{iR} = \frac{\partial \bar{x}_i}{\partial \overline{X}_R} = \frac{\partial \bar{x}_i}{\partial x_j}\frac{\partial X_S}{\partial \overline{X}_R}\frac{\partial x_j}{\partial X_S} = M_{ij}M_{RS}F_{jS}$$

显然，分量 F_{iR} 遵循张量的变换法则，因而 $\boldsymbol{F}$ 是张量，且为二阶张量。

通常 $\boldsymbol{F}$ 不是对称的张量，由 2.9 节知 $\boldsymbol{F}^{\mathrm{T}}$ 也是二阶张量。若 $\det \boldsymbol{F} \neq 0$，则 $\boldsymbol{F}^{-1}$ 也是二阶张量。因为

$$\frac{\partial x_i}{\partial X_R}\frac{\partial X_R}{\partial x_j} = \frac{\partial x_i}{\partial x_j} = \delta_{ij}$$

$\boldsymbol{F}^{-1}$ 的分量是 F_{Rj}^{-1}，这里

$$F_{Rj}^{-1}=\frac{\partial X_R}{\partial x_j} \tag{4.51}$$

因此，式(4.46) 可表示为

$$\boldsymbol{a}=\lambda^{-1}\boldsymbol{F}\cdot\boldsymbol{A} \tag{4.52}$$

式(4.47) 可表示为

$$\lambda^2=\boldsymbol{A}\cdot\boldsymbol{F}^{\mathrm{T}}\cdot\boldsymbol{F}\cdot\boldsymbol{A} \tag{4.53}$$

式(4.48) 和式(4.49) 可分别表示为

$$\boldsymbol{A}=\lambda\boldsymbol{F}^{-1}\cdot\boldsymbol{a} \tag{4.54}$$

$$\lambda^{-2}=\boldsymbol{a}\cdot(\boldsymbol{F}^{-1})^{\mathrm{T}}\cdot\boldsymbol{F}^{-1}\cdot\boldsymbol{a} \tag{4.55}$$

计算 $\boldsymbol{a}$，$\boldsymbol{A}$，λ 时利用矩阵计算很方便，例如式(4.52) ～ 式(4.55) 可写为

$$\mathbf{a}=\lambda^{-1}\mathbf{FA},\qquad \lambda^2=\mathbf{A}^{\mathrm{T}}\mathbf{F}^{\mathrm{T}}\mathbf{FA} \tag{4.56}$$

$$\mathbf{A}=\lambda\mathbf{F}^{-1}\mathbf{a},\qquad \lambda^{-2}=\mathbf{a}(\mathbf{F}^{-1})^{\mathrm{T}}\mathbf{F}^{-1}\mathbf{a} \tag{4.57}$$

若没有运动，则 $x_i=X_i$，$F_{iR}=\delta_{iR}$，变形梯度张量 $\boldsymbol{F}=\boldsymbol{I}$。

位移 $\boldsymbol{u}$ 的分量由 $u_i=x_i-X_i$ 给出。位移梯度

$$\frac{\partial u_i}{\partial X_R}=\frac{\partial x_i}{\partial X_R}-\delta_{iR}=F_{iR}-\delta_{iR} \tag{4.58}$$

是张量 $\boldsymbol{F}-\boldsymbol{I}$ 的分量，该张量称为位移梯度张量。如果物体没有运动，则位移梯度张量的分量全为零。

4.10 有限变形和应变张量

定义一个新的张量 $\boldsymbol{C}$ 如下：

$$\boldsymbol{C}=\boldsymbol{F}^{\mathrm{T}}\cdot\boldsymbol{F} \tag{4.59}$$

$\boldsymbol{C}$ 的分量 C_{RS} 为

$$C_{RS}=F_{iR}F_{iS}=\frac{\partial x_i}{\partial X_R}\frac{\partial x_i}{\partial X_S} \tag{4.60}$$

$\boldsymbol{C}$ 是 $\boldsymbol{F}^{\mathrm{T}}$ 与 $\boldsymbol{F}$ 的内积，仍为二阶张量。因 $C_{RS}=C_{SR}$，$\boldsymbol{C}$ 必为对称张量。

由式(4.47) 和式(4.53) 知，参考构形中单位向量为 $\boldsymbol{A}$ 的物质线单元的伸长比为

$$\lambda^2=C_{RS}A_RA_S=\boldsymbol{A}\cdot\boldsymbol{C}\cdot\boldsymbol{A} \tag{4.61}$$

因此伸长比可用 $\boldsymbol{C}$ 方便地计算得到。质点附近区域的变形与线单元伸长比相关，因而 C_{RS} 决定于这一质点附近的变形。

对于刚体运动方程式(4.44)，$\boldsymbol{F}=\boldsymbol{Q}(t)$，因而

$$\boldsymbol{C}=\boldsymbol{Q}^{\mathrm{T}}\cdot\boldsymbol{Q}=\boldsymbol{I} \tag{4.62}$$

由此可见，对于刚体运动，整个刚体上任何一点的 $\boldsymbol{C}$ 都是单位张量 $\boldsymbol{I}$。因此，$\boldsymbol{C}$ 只与物体变形有关，而与刚体运动无关，适合于物体变形的度量。$\boldsymbol{C}$ 称为右 Cauchy－Green 变形张量。

$\boldsymbol{C}$ 不是唯一的用于度量变形的张量。任何一个关于 $\boldsymbol{C}$ 的张量函数也可用于变形度量，如 $\boldsymbol{C}^2$ 或 $\boldsymbol{C}^{-1}$。有时用 $\boldsymbol{C}^{-1}$ 度量变形更为方便，它可由下式得到。

$$\boldsymbol{C}^{-1}=\boldsymbol{F}^{-1}\cdot(\boldsymbol{F}^{-1})^{\mathrm{T}} \tag{4.63}$$

$\boldsymbol{C}^{-1}$ 的分量 C_{RS}^{-1} 的计算如下：

$$C_{RS}^{-1}=F_{Ri}^{-1}F_{Si}^{-1}=\frac{\partial X_R}{\partial x_i}\frac{\partial X_S}{\partial x_i} \tag{4.64}$$

另一类型的变形度量是基于利用式(4.49) 计算伸长比 λ 得出的。以空间坐标 x_i 作为自变量时，有

$$X_R=X_R(x_i),\qquad \mathrm{d}X_R=X_{Ri}\mathrm{d}x_i=\frac{\partial X_R}{\partial x_i}\mathrm{d}x_i$$

根据式(4.49)，引入

$$\boldsymbol{B}=\boldsymbol{F}\cdot\boldsymbol{F}^{\mathrm{T}},\qquad \boldsymbol{B}^{-1}=(\boldsymbol{F}^{-1})^{\mathrm{T}}\cdot\boldsymbol{F}^{-1} \tag{4.65}$$

式中，$\boldsymbol{B}$ 称为左 Cauchy－Green 变形张量。$\boldsymbol{B}$ 和 $\boldsymbol{B}^{-1}$ 有分量

$$B_{ij}=\frac{\partial x_i}{\partial X_R}\frac{\partial x_j}{\partial X_R},\qquad B_{ij}^{-1}=\frac{\partial X_R}{\partial x_i}\frac{\partial X_R}{\partial x_j} \tag{4.66}$$

故式(4.49) 成为

$$\lambda^{-2}=a_i a_j B_{ij}^{-1}=\boldsymbol{a}\cdot\boldsymbol{B}^{-1}\cdot\boldsymbol{a} \tag{4.67}$$

因此，$\boldsymbol{B}^{-1}$ 或 $\boldsymbol{B}$ 也可以确定物体运动中一点附近的变形。对于刚体运动，可以证明 $\boldsymbol{B}=\boldsymbol{I}$。

$\boldsymbol{C}$ 和 $\boldsymbol{B}^{-1}$ 可以用来描述一点附近的变形状态，显然它们的逆 $\boldsymbol{C}^{-1}=\boldsymbol{F}^{-1}\cdot(\boldsymbol{F}^{-1})^{\mathrm{T}}$ 和 $\boldsymbol{B}=\boldsymbol{F}\cdot\boldsymbol{F}^{\mathrm{T}}$ 也可以用来描述变形。

拉格朗日应变张量（Lagrangian strain tensor，又称 Green 应变张量，Green－Lagrange 应变张量）$\boldsymbol{\gamma}$ 和欧拉应变张量（Eulerian strain tensor，又称 Almansi 应变张量，Euler－Almansi 应变张量）$\boldsymbol{\eta}$ 分别定义为

$$\boldsymbol{\gamma}=\frac{1}{2}(\boldsymbol{C}-\boldsymbol{I}) \tag{4.68}$$

$$\boldsymbol{\eta}=\frac{1}{2}(\boldsymbol{I}-\boldsymbol{B}^{-1}) \tag{4.69}$$

这两个应变张量都适合描述变形，刚体运动中，$\boldsymbol{\gamma}=\boldsymbol{0}$，$\boldsymbol{\eta}=\boldsymbol{0}$，即无变形对应的应变就为零。

若用式(4.1) 定义变形 $\boldsymbol{x}$ 是关于 $\boldsymbol{X}$ 的函数，可直接计算 $\boldsymbol{F}$，然后用 $\boldsymbol{C}$，$\boldsymbol{B}$ 或 $\boldsymbol{\gamma}$ 作为变形度量，这些张量的分量将是物质坐标 X_R 的函数，描述的是给定的物质点附近的变形。如果变形用 $\boldsymbol{X}$ 关于 $\boldsymbol{x}$ 函数表示，则很容易计算 $\boldsymbol{F}^{-1}$，自然地，可用 $\boldsymbol{C}^{-1}$，$\boldsymbol{B}^{-1}$ 或 $\boldsymbol{\eta}$ 作为变形度量，这些张量的分量为空间坐标 x_i 的函数，描述的是给定的空间点附近的变形。

$\boldsymbol{\gamma}$ 的分量 γ_{RS} 和 $\boldsymbol{\eta}$ 的分量 η_{ij} 经常用位移梯度给出。由

$$\boldsymbol{u}=\boldsymbol{x}-\boldsymbol{X}$$

可知

$$F_{iR}=\frac{\partial x_i}{\partial X_R}=\frac{\partial u_i}{\partial X_R}+\delta_{iR}$$

因此，从式(4.60)和式(4.68)得出

$$\begin{aligned}\gamma_{RS}&=\frac{1}{2}\left[\left(\frac{\partial u_i}{\partial X_R}+\delta_{iR}\right)\left(\frac{\partial u_i}{\partial X_S}+\delta_{iS}\right)-\delta_{RS}\right]\\&=\frac{1}{2}\left(\frac{\partial u_R}{\partial X_S}+\frac{\partial u_S}{\partial X_R}+\frac{\partial u_i}{\partial X_R}\frac{\partial u_i}{\partial X_S}\right)\end{aligned}\tag{4.70}$$

例如，

$$\gamma_{11}=\frac{\partial u_1}{\partial X_1}+\frac{1}{2}\left[\left(\frac{\partial u_1}{\partial X_1}\right)^2+\left(\frac{\partial u_2}{\partial X_1}\right)^2+\left(\frac{\partial u_3}{\partial X_1}\right)^2\right],$$

$$\gamma_{23}=\frac{1}{2}\left(\frac{\partial u_2}{\partial X_3}+\frac{\partial u_3}{\partial X_2}+\frac{\partial u_1}{\partial X_2}\frac{\partial u_1}{\partial X_3}+\frac{\partial u_2}{\partial X_2}\frac{\partial u_2}{\partial X_3}+\frac{\partial u_3}{\partial X_2}\frac{\partial u_3}{\partial X_3}\right)$$

类似地，

$$F_{Ri}^{-1}=\frac{\partial X_R}{\partial x_i}=\delta_{Ri}-\frac{\partial u_R}{\partial x_i}$$

由式(4.66)和式(4.69)知

$$\eta_{ij}=\frac{1}{2}\left(\frac{\partial u_i}{\partial x_j}+\frac{\partial u_j}{\partial x_i}-\frac{\partial u_R}{\partial x_i}\frac{\partial u_R}{\partial x_j}\right)\tag{4.71}$$

例如，

$$\eta_{11}=\frac{\partial u_1}{\partial x_1}-\frac{1}{2}\left[\left(\frac{\partial u_1}{\partial x_1}\right)^2+\left(\frac{\partial u_2}{\partial x_1}\right)^2+\left(\frac{\partial u_3}{\partial x_1}\right)^2\right],$$

$$\eta_{23}=\frac{1}{2}\left(\frac{\partial u_2}{\partial x_3}+\frac{\partial u_3}{\partial x_2}-\frac{\partial u_1}{\partial x_2}\frac{\partial u_1}{\partial x_3}-\frac{\partial u_2}{\partial x_2}\frac{\partial u_2}{\partial x_3}-\frac{\partial u_3}{\partial x_2}\frac{\partial u_3}{\partial x_3}\right)$$

变形和应变张量的分量很容易由以下矩阵运算得到：

$$\mathbf{F}=(F_{iR})=\frac{\partial x_i}{\partial X_R},\qquad \mathbf{F}^{-1}=(F_{Ri}^{-1})=\frac{\partial X_R}{\partial x_i},$$

$$
\begin{aligned}
&\mathbf{C}=(C_{RS}),\quad \mathbf{B}=(B_{ij}),\\
&\mathbf{C}^{-1}=(C_{RS}^{-1}),\quad \mathbf{B}^{-1}=(B_{ij}^{-1}),
\end{aligned}
\tag{4.72}
$$

$$
\mathbf{a}=(a_1,\ a_2,\ a_3)^{\mathrm{T}},\quad \mathbf{A}=(A_1,\ A_2,\ A_3)^{\mathrm{T}}
$$

主要公式有

$$
\begin{aligned}
&\mathbf{C}=\mathbf{F}^{\mathrm{T}}\mathbf{F},\quad \mathbf{C}^{-1}=\mathbf{F}^{-1}(\mathbf{F}^{-1})^{\mathrm{T}},\\
&\mathbf{B}=\mathbf{F}\mathbf{F}^{\mathrm{T}},\quad \mathbf{B}^{-1}=(\mathbf{F}^{-1})^{\mathrm{T}}\mathbf{F}^{-1},\\
&(\lambda^2)=\mathbf{A}^{\mathrm{T}}\mathbf{C}\mathbf{A},\quad (\lambda^{-2})=\mathbf{a}^{\mathrm{T}}\mathbf{B}^{-1}\mathbf{a},\\
&2(\gamma_{RS})=\mathbf{C}-\mathbf{I},\quad 2(\eta_{ij})=\mathbf{I}-\mathbf{B}^{-1}
\end{aligned}
\tag{4.73}
$$

张量 $\boldsymbol{C}$，$\boldsymbol{C}^{-1}$，$\boldsymbol{B}$，$\boldsymbol{B}^{-1}$，$\boldsymbol{\gamma}$，$\boldsymbol{\eta}$ 均为二阶对称张量，故有实主分量和正交主方向。

4.11 几个简单的有限变形

(1) 均匀伸长

假设一等直杆的轴线沿 x_1 方向，并沿该方向均匀伸长到原来的 λ_1 倍。若位于坐标原点的质点固定，则有 $x_1=\lambda_1 X_1$，这就定义了物体沿 x_1 方向的均匀伸长。若沿 x_2 和 x_3 方向变形也是均匀的，则物体的变形可用以下方程描述：

$$
x_1=\lambda_1 X_1,\quad x_2=\lambda_2 X_2,\quad x_3=\lambda_3 X_3 \tag{4.74}
$$

式中，λ_1，λ_2，λ_3 为常数或关于时间 t 的函数。若 $\lambda_2=\lambda_3$，则称物体沿 x_1 方向的横观各向均匀变形。若 $\lambda_1=\lambda_2=\lambda_3$，则称物体沿任意方向均匀变形，也称物体均匀膨胀或收缩。若 $\lambda_1=\lambda_2^{-1}$ 且 $\lambda_3=1$，则物体在 x_3 面内的面积保持不变，属于纯剪切。

对于方程(4.74)的变形，由式(4.72)和式(4.73)容易得到

$$\mathbf{F}=\begin{pmatrix}\lambda_1 & 0 & 0\\ 0 & \lambda_2 & 0\\ 0 & 0 & \lambda_3\end{pmatrix},\quad \mathbf{B}=\mathbf{C}=\begin{pmatrix}\lambda_1^2 & 0 & 0\\ 0 & \lambda_2^2 & 0\\ 0 & 0 & \lambda_3^2\end{pmatrix},$$

$$2(\gamma_{RS})=\begin{pmatrix}\lambda_1^2-1 & 0 & 0\\ 0 & \lambda_2^2-1 & 0\\ 0 & 0 & \lambda_3^2-1\end{pmatrix},\tag{4.75}$$

$$2(\eta_{ij})=\begin{pmatrix}1-\lambda_1^{-2} & 0 & 0\\ 0 & 1-\lambda_2^{-2} & 0\\ 0 & 0 & 1-\lambda_3^{-2}\end{pmatrix}$$

(2) 简单剪切

简单剪切是指，平行面之间相对移动，移动距离与平行面之间的距离成正比，移动方向平行于平行面。例如：图 4.7 中的简单剪切变形可描述为

$$x_1=X_1+X_2\tan\alpha,\quad x_2=X_2,\quad x_3=X_3\tag{4.76}$$

式中，$X_2=$常数的面是剪切面，X_1 方向为剪切方向，γ 是剪切的度量。简单剪切不引起物体任何位置的体积改变。

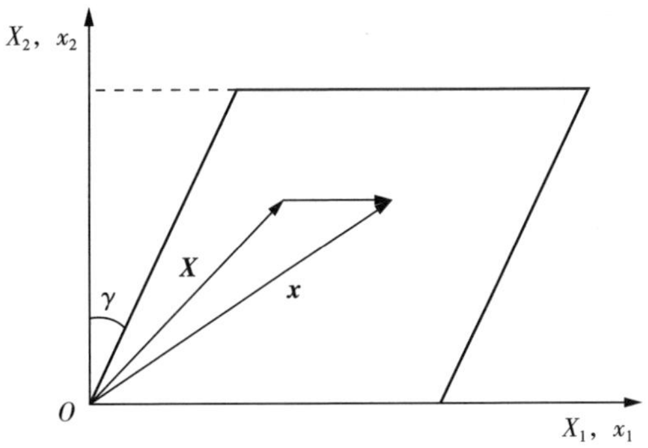

图 4.7　简单剪切示意图

对于方程(4.76)所描述的变形，由式(4.72)和式(4.73)易于得到

$$\mathbf{F}=\begin{pmatrix}1 & \tan\gamma & 0\\ 0 & 1 & 0\\ 0 & 0 & 1\end{pmatrix},\quad \mathbf{F}^{-1}=\begin{pmatrix}1 & -\tan\gamma & 0\\ 0 & 1 & 0\\ 0 & 0 & 1\end{pmatrix},$$

$$\mathbf{C}=\begin{pmatrix}1 & \tan\gamma & 0\\ \tan\gamma & 1+\tan^2\gamma & 0\\ 0 & 0 & 1\end{pmatrix},\quad \mathbf{C}^{-1}=\begin{pmatrix}1+\tan^2\gamma & -\tan\gamma & 0\\ -\tan\gamma & 1 & 0\\ 0 & 0 & 1\end{pmatrix},$$

$$\mathbf{B}=\begin{pmatrix}1+\tan^2\gamma & \tan\gamma & 0\\ \tan\gamma & 1 & 0\\ 0 & 0 & 1\end{pmatrix},\quad \mathbf{B}^{-1}=\begin{pmatrix}1 & -\tan\gamma & 0\\ -\tan\gamma & 1+\tan^2\gamma & 0\\ 0 & 0 & 1\end{pmatrix},$$

$$2(\gamma_{RS})=\begin{pmatrix}0 & \tan\gamma & 0\\ \tan\gamma & \tan^2\gamma & 0\\ 0 & 0 & 0\end{pmatrix},\quad 2(\eta_{ij})=\begin{pmatrix}0 & \tan\gamma & 0\\ \tan\gamma & -\tan^2\gamma & 0\\ 0 & 0 & 0\end{pmatrix}$$

(4.77)

(3) 纯扭转

纯扭转变形用柱坐标 R，Φ，Z 和 r，φ，z 描述更方便。柱坐标与直角坐标的关系为

$$\begin{aligned}&R=\sqrt{X_1^2+X_2^2},\quad \Phi=\tan^{-1}(X_2/X_1),\quad Z=X_3;\\&r=\sqrt{x_1^2+x_2^2},\quad \varphi=\tan^{-1}(x_2/x_1),\quad z=x_3\end{aligned}\tag{4.78}$$

纯扭转定义为

$$r=R,\quad \varphi=\Phi+\psi Z,\quad z=Z\tag{4.79}$$

式中，ψ 为常数或关于时间 t 的函数。纯扭转变形不会引起体积改变，但属于非均匀变形。

(4) 纯弯曲

如图 4.8 所示，物质坐标取直角坐标系 X_1，X_2，X_3，空间坐标系取圆柱坐标系 r，φ，z，其中 z 轴与 X_3 轴重合，$\varphi=0$ 与 X_1 重合。纯弯曲变形可描述为

$$\begin{aligned} r &= f(X_1), \\ \varphi &= g(X_2), \\ z &= X_3 \end{aligned} \tag{4.80}$$

该变形表示一矩形体弯成扇环形体。$X_1=$ 常数的平行平面弯曲成同心圆的圆柱面，$X_2=$ 常数的平行平面成为 $\varphi=$ 常数的平面。

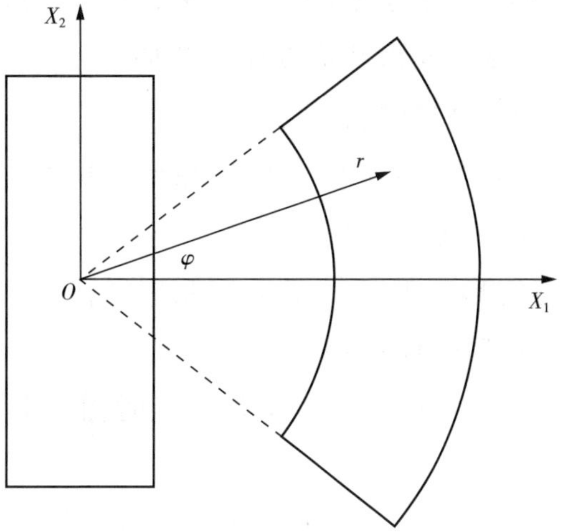

图 4.8　纯弯曲示意图

(5) 平面应变

平面应变变形定义为

$$x_1 = x_1(X_1, X_2), \quad x_2 = x_2(X_1, X_2), \quad x_3 = X_3$$

$X_3=$ 常数的平面为变形平面，初始位于该平面的质点变形后还在该平面，其位移独立于坐标 X_3。很多实际问题可近似为平面应变变形。

(6) 均匀变形

均匀变形可表示为

$$x_i = c_i + A_{iR} X_R \quad 或 \quad \boldsymbol{x} = \boldsymbol{c} + \boldsymbol{a} \cdot \boldsymbol{x} \tag{4.81}$$

式中，c_i 和 A_{iR} 均为常数或关于时间 t 的函数。本节中(1) 均匀伸长和(2) 简单剪切是(6) 均匀变形的特殊形式。在式(4.81) 所描述的运动中，变形梯度张量 $\boldsymbol{F}=\boldsymbol{A}$。Cauchy - Green 变形张量等的分量分别是

$$C_{RS} = F_{iR} F_{iS} = A_{iR} A_{iS}$$

$$B_{ij} = F_{iR} F_{jR} = A_{iR} A_{jR}$$

……

由式(4.73) 知，在均匀变形中所有变形和应变张量均与坐标 x_i 或 X_R 无关，即任何一点的变形和应变张量相同。

均匀变形有如下一些性质：

性质 1　参考构型中的平面变形后在现时构型中还是平面，两个相互平行的平面变形后还保持相互平行。

性质 2　参考构形中的直线变形后在现时构型中还是直线，两条相互平行的直线变形后仍保持相互平行。

性质 3　参考构型中的球面变形后在现时构型中是椭球面。

性质 1 证明如下：

参考构形中法向单位向量为 $\boldsymbol{n}$ 的平面，其上的质点 $\boldsymbol{X}$ 满足方程

$$\boldsymbol{n} \cdot \boldsymbol{X} = p$$

式中，p 为原点到平面的垂直距离。变形后，其面上的相同质点的位置向量 $\boldsymbol{x}$ 与 $\boldsymbol{X}$ 的关系由式(4.81) 可知

$$\boldsymbol{n} \cdot \boldsymbol{A}^{-1} \cdot (\boldsymbol{x} - \boldsymbol{c}) = p$$

显然变形后的质点位于法向为 $\boldsymbol{n} \cdot \boldsymbol{A}^{-1}$ 的平面上。

性质 2 和性质 3 同理可证。

4.12　无限小应变

假设位移梯度张量的所有分量与 1 相比都很小，即

$$\left|\frac{\partial u_i}{\partial X_R}\right| \ll 1 \quad (i,\ R=1,\ 2,\ 3) \tag{4.82}$$

则在分析过程中可忽略它们的平方项和乘积项。

因 $u_i = x_i - X_i$，位移梯度为

$$\left(\frac{\partial u_i}{\partial x_j}\right) = \left(\delta_{ij} - \frac{\partial X_i}{\partial x_j}\right) = \mathbf{I} - \mathbf{F}^{-1}$$

对其进行二项式展开，有

$$\begin{aligned}\mathbf{I} - \mathbf{F}^{-1} &= \mathbf{I} - [\mathbf{I} + (\mathbf{F} - \mathbf{I})]^{-1} \\ &= \mathbf{I} - [\mathbf{I} - (\mathbf{F} - \mathbf{I}) + (\mathbf{F} - \mathbf{I})^2 - (\mathbf{F} - \mathbf{I})^3 + \cdots]\end{aligned}$$

因此

$$\left(\frac{\partial u_i}{\partial x_j}\right) = (\mathbf{F} - \mathbf{I}) - (\mathbf{F} - \mathbf{I})^2 + (\mathbf{F} - \mathbf{I})^3 - \cdots$$

又因为 $\mathbf{F} - \mathbf{I} = \left(\dfrac{\partial u_i}{\partial X_R}\right)$，于是

$$\frac{\partial u_i}{\partial x_j} = \frac{\partial u_i}{\partial X_j} - \frac{\partial u_i}{\partial X_R}\frac{\partial u_R}{\partial X_j} + \frac{\partial u_i}{\partial X_R}\frac{\partial u_R}{\partial X_S}\frac{\partial u_S}{\partial X_j} - \cdots \tag{4.83}$$

位移梯度中取一阶小量，有 $\dfrac{\partial u_i}{\partial x_j} \approx \dfrac{\partial u_i}{\partial X_j}$，故位移梯度可认为是位移关于物质坐标 X_R 或空间坐标 x_i 的微分。若近似到该项，式(4.70) 和式(4.71) 成为

$$\gamma_{ij} \approx \eta_{ij} \approx \frac{1}{2}\left(\frac{\partial u_i}{\partial X_j} + \frac{\partial u_j}{\partial X_i}\right) \approx \frac{1}{2}\left(\frac{\partial u_i}{\partial x_j} + \frac{\partial u_j}{\partial x_i}\right) \tag{4.84}$$

定义张量 $\boldsymbol{E}$ 的分量 E_{ij} 为

$$E_{ij}=\frac{1}{2}\left(\frac{\partial u_i}{\partial X_j}+\frac{\partial u_j}{\partial X_i}\right) \tag{4.85}$$

$\boldsymbol{E}$ 称为无限小应变张量，其分量矩阵为

$$(E_{ij})=\begin{pmatrix} \frac{\partial u_1}{\partial X_1} & \frac{1}{2}\left(\frac{\partial u_1}{\partial X_2}+\frac{\partial u_2}{\partial X_1}\right) & \frac{1}{2}\left(\frac{\partial u_1}{\partial X_3}+\frac{\partial u_3}{\partial X_1}\right) \\ \frac{1}{2}\left(\frac{\partial u_2}{\partial X_1}+\frac{\partial u_1}{\partial X_2}\right) & \frac{\partial u_2}{\partial X_2} & \frac{1}{2}\left(\frac{\partial u_2}{\partial X_3}+\frac{\partial u_3}{\partial X_2}\right) \\ \frac{1}{2}\left(\frac{\partial u_3}{\partial X_1}+\frac{\partial u_1}{\partial X_3}\right) & \frac{1}{2}\left(\frac{\partial u_3}{\partial X_2}+\frac{\partial u_2}{\partial X_3}\right) & \frac{\partial u_3}{\partial X_3} \end{pmatrix}$$

拉格朗日应变张量 $\boldsymbol{\gamma}$ 和欧拉应变张量 $\boldsymbol{\eta}$ 在位移梯度的平方项和乘积项忽略时均退化为无限小应变张量 $\boldsymbol{E}$。由式(4.58)知

$$\boldsymbol{E}=\frac{1}{2}(\boldsymbol{F}+\boldsymbol{F}^{\mathrm{T}})-\boldsymbol{I} \tag{4.86}$$

因 $\boldsymbol{F}$ 是二阶张量，所以 $\boldsymbol{E}$ 也是二阶张量，且是对称二阶张量。

因在刚体转动时不能保持为常数，故张量 $\boldsymbol{E}$ 不能精确地度量变形。式(4.35)表示的刚体绕 z 轴转动 α 角时，它的无限小应变张量的分量矩阵为

$$(E_{ij})=\begin{pmatrix} -(1-\cos\alpha) & 0 & 0 \\ 0 & -(1-\cos\alpha) & 0 \\ 0 & 0 & 0 \end{pmatrix}$$

E_{11} 和 E_{22} 均不等于零。考虑到它们是转角 α 的二阶小量，因而在小位移梯度时可不计。

虽然无限小应变张量不够精确，但在很多工程问题中有足够的精度，特别是 E_{ij} 达到 0.001 量级或更小时，这种近似是完全可行的。经典的线弹性理论就是成功地应用了这种近似。不同于 γ_{RS} 和 η_{ij}，无限小应变张量的分量 E_{ij} 与位移分量 u_i 是线性关系，使得线性分析技术可用线弹性边值问题求解。

图 4.9 给出了 E_{11} 的几何解释。平行于 X_1 轴的线单元 P_0Q_0 的长度为 ΔL。由于线单元转动很小，它的伸长量可近似为

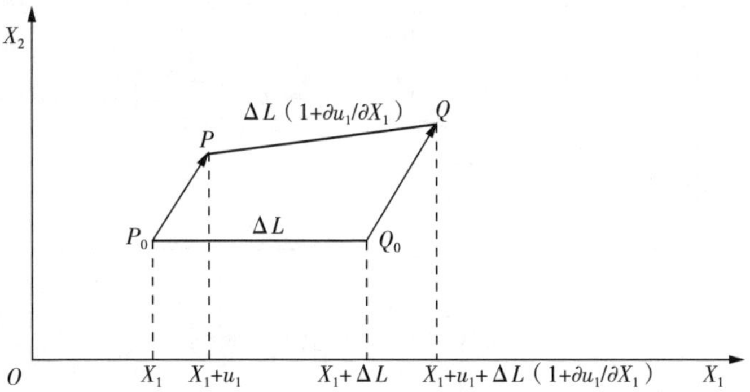

图 4.9　E_{11} 的几何解释图

$$u_1(X_1+\Delta L,\ X_2,\ X_3)-u_1(X_1,\ X_2,\ X_3)\approx\frac{\partial u_1}{\partial X_1}\Delta L \tag{4.87}$$

因此，E_{11} 表示平行于 X_1 轴的线单元单位长度的伸长量。

图 4.10 给出了 E_{23} 的几何解释。P_0Q_0 和 P_0R_0 分别为平行于 X_2 轴和 X_3 轴的线单元。物体产生小变形后，两个线单元分别出现了 θ_1 和 θ_2 的角度改变，它们可近似为

$$\theta_1\approx\frac{\partial u_3}{\partial X_2},\qquad \theta_2\approx\frac{\partial u_2}{\partial X_3} \tag{4.88}$$

因此，$2E_{23}=\dfrac{\partial u_2}{\partial X_3}+\dfrac{\partial u_3}{\partial X_2}$ 是初始平行于 X_2 和 X_3 轴的两个相互垂直的线单元夹角的减小量。

张量 $\boldsymbol{E}$ 是二阶对称张量，因而有三个相互正交的主轴。如果选择三个主轴为坐标轴，则张量的分量矩阵为对角线型，对角线元素 E_1，E_2，E_3 是无限小应变的主应变分量。

由于六个无限小应变分量 E_{ij} 是通过三个位移分量得到的，E_{ij} 不完全相互独立，通过消除 u_i 可找到它们之间的关系。由式(4.85)可分析得出应变相容关系

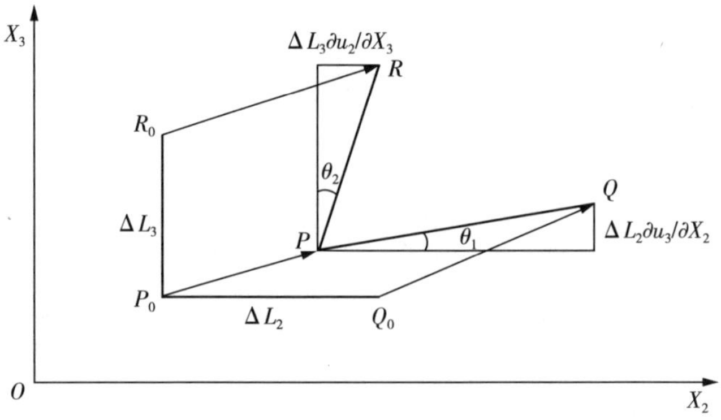

图 4.10　E_{23} 的几何解释图

$$K_1 = 2\,\frac{\partial^2 E_{23}}{\partial X_2\,\partial X_3} - \left(\frac{\partial^2 E_{22}}{\partial X_3^2} + \frac{\partial^2 E_{33}}{\partial X_2^2}\right) \equiv 0 \tag{4.89}$$

$$L_1 = \frac{\partial^2 E_{11}}{\partial X_2\,\partial X_3} + \frac{\partial}{\partial X_1}\left(\frac{\partial E_{23}}{\partial X_1} - \frac{\partial E_{31}}{\partial X_2} - \frac{\partial E_{12}}{\partial X_3}\right) \equiv 0 \tag{4.90}$$

循环排列下标 1，2，3，可总共得到六个相容关系式。这六个关系也不完全独立，它们满足

$$\frac{\partial K_1}{\partial X_1} = \frac{\partial L_2}{\partial X_3} + \frac{\partial L_3}{\partial X_2} \tag{4.91}$$

循环排列下标 1，2，3，可得到另外两个类似关系式。有限应变分量 γ_{RS} 和 η_{ij} 也满足相容关系，但形式上更为复杂。

4.13　无限小转动

式(4.41) 和式(4.42) 给出了刚体绕单位法向量为 $\boldsymbol{n}$ 的轴转动 α 角的变换公式。对于无限小转动，由于 $\sin\alpha \approx \alpha$ 和 $\cos\alpha \approx 1$，近似到 α 的一阶无限小量，式(4.42) 成为

$$u_i = x_i - X_i = \alpha e_{ijR} n_j X_R$$

因而

$$\frac{\partial u_i}{\partial X_R}=\alpha e_{ijR}n_j\,,\qquad \left(\frac{\partial u_i}{\partial X_R}\right)=\begin{pmatrix} 0 & -\alpha n_3 & \alpha n_2 \\ \alpha n_3 & 0 & -\alpha n_1 \\ -\alpha n_2 & \alpha n_1 & 0 \end{pmatrix} \tag{4.92}$$

因此，一个无限小转动可用一个反对称张量来描述。

现在分析一般无限小运动的变形梯度 $\boldsymbol{F}$。定义无限小转动张量与其分量如下：

$$\boldsymbol{\Omega}=\frac{1}{2}(\boldsymbol{F}-\boldsymbol{F}^{\mathrm{T}}),\qquad \Omega_{ij}=\frac{1}{2}\left(\frac{\partial u_i}{\partial X_j}-\frac{\partial u_j}{\partial X_i}\right)$$

$$(\Omega_{ij})=\frac{1}{2}\begin{pmatrix} 0 & \dfrac{\partial u_1}{\partial X_2}-\dfrac{\partial u_2}{\partial X_1} & \dfrac{\partial u_1}{\partial X_3}-\dfrac{\partial u_3}{\partial X_1} \\ \dfrac{\partial u_2}{\partial X_1}-\dfrac{\partial u_1}{\partial X_2} & 0 & \dfrac{\partial u_2}{\partial X_3}-\dfrac{\partial u_3}{\partial X_2} \\ \dfrac{\partial u_3}{\partial X_1}-\dfrac{\partial u_1}{\partial X_3} & \dfrac{\partial u_3}{\partial X_2}-\dfrac{\partial u_2}{\partial X_3} & 0 \end{pmatrix} \tag{4.93}$$

$\boldsymbol{\Omega}$ 是一个二阶反对称张量，代表了一个无限小转动。位移梯度张量 $\boldsymbol{F}-\boldsymbol{I}$ 可分解为对称和反对称两部分：

$$\boldsymbol{F}-\boldsymbol{I}=\frac{1}{2}(\boldsymbol{F}+\boldsymbol{F}^{\mathrm{T}})-\boldsymbol{I}+\frac{1}{2}(\boldsymbol{F}-\boldsymbol{F}^{\mathrm{T}})=\boldsymbol{E}+\boldsymbol{\Omega} \tag{4.94}$$

式(4.94) 表明，一个无限小的运动等于一个无限小变形($\boldsymbol{E}$) 和一个无限小转动($\boldsymbol{\Omega}$) 之和。

无限小转动向量 $\boldsymbol{\omega}$ 定义为

$$\boldsymbol{\omega}=\frac{1}{2}\operatorname{curl}\boldsymbol{u},\qquad \omega_i=\frac{1}{2}e_{ijk}\frac{\partial u_k}{\partial X_j} \tag{4.95}$$

由式(4.93) 和式(4.95)，得

$$\Omega_{jk}=-e_{ijk}\omega_i \tag{4.96}$$

$$\omega_i=-\frac{1}{2}e_{ijk}\Omega_{jk} \tag{4.97}$$

4.14 变形率张量

在分析连续介质力学的动力学问题时，通常关心的不是物体的变形本身，而是发生这种变形的速率。

首先看物质线单元的伸长速率，即物质线单元伸长比 λ 随时间的变化率。由式(4.47)

$$\lambda^2=A_S A_T\frac{\partial x_i}{\partial X_S}\frac{\partial x_i}{\partial X_T}$$

可知线单元的伸长比 λ 与其在参考构型中物质坐标 X_R 和方向余弦 A_R 的关系。将式(4.47) 的等号两边对时间 t 求导，并注意 X_R 为常数和 $\mathrm{D}x_i(X_R,\ t)/\mathrm{D}t=v_i(X_R,\ t)$，得出

$$2\lambda\frac{\mathrm{D}\lambda}{\mathrm{D}t}=A_S A_T\left(\frac{\partial x_i}{\partial X_S}\frac{\partial v_i}{\partial X_T}+\frac{\partial x_i}{\partial X_T}\frac{\partial v_i}{\partial X_S}\right) \tag{4.98}$$

为引用 v_i 关于空间坐标的导数，使用如下关系：

$$\frac{\partial v_i}{\partial X_T}=\frac{\partial v_i}{\partial x_j}\frac{\partial x_j}{\partial X_T}$$

因此，式(4.98) 可写成

$$\lambda\frac{\mathrm{D}\lambda}{\mathrm{D}t}=\frac{1}{2}A_S A_T\left(\frac{\partial x_i}{\partial X_S}\frac{\partial x_j}{\partial X_T}\frac{\partial v_i}{\partial x_j}+\frac{\partial x_i}{\partial X_T}\frac{\partial x_j}{\partial X_S}\frac{\partial v_i}{\partial x_j}\right)$$

$$=\frac{1}{2}A_S A_T\frac{\partial x_i}{\partial X_S}\frac{\partial x_j}{\partial X_T}\left(\frac{\partial v_i}{\partial x_j}+\frac{\partial v_j}{\partial x_i}\right)$$

再利用式(4.46)，用 a_i 代替 A_R，于是有

$$\lambda^{-1}\frac{\mathrm{D}\lambda}{\mathrm{D}t}=\frac{1}{2}a_i a_j\left(\frac{\partial v_i}{\partial x_j}+\frac{\partial v_j}{\partial x_i}\right) \tag{4.99}$$

式中，$\lambda^{-1}\mathrm{D}\lambda/\mathrm{D}t$ 是现时方向余弦为 a_i 的物质线单元的单位现时长度伸长速率。对于任意给定方向 $\boldsymbol{a}$，伸长速率公式(4.99)可由 $a_i a_j D_{ij}$ 计算得出，其中

$$D_{ij}=\frac{1}{2}\left(\frac{\partial v_i}{\partial x_j}+\frac{\partial v_j}{\partial x_i}\right) \tag{4.100}$$

式中，D_{ij} 是基于基向量 $\boldsymbol{e}_i$ 的变形率张量（rate-of-deformation tensor）$\boldsymbol{D}$ 的分量，$\boldsymbol{D}$ 又称为应变率（rate-of-strain）或应变率张量（strain-rate tensor）。

4.15 速度梯度和旋转张量

在研究流体流动时通常关心的是速度场，即该场内物体中每个质点的速度。每个流体质点的位置以 $Ox_1x_2x_3$ 为参考坐标系，于是流场可以用每点处的速度来定义速度向量场 $\boldsymbol{v}$ 描述。速度场的分量形式为 $v_i(x_1, x_2, x_3)$。

对于连续流动，考虑连续可微函数 $v_i(x_1, x_2, x_3)$，但有时还必须研究相邻点之间的速度关系。设在某瞬时质点 P 和 P' 分别位于 x_i 和 $x_i+\mathrm{d}x_i$，这两点间的速度差为

$$\mathrm{d}v_i=\frac{\partial v_i}{\partial x_j}\mathrm{d}x_j \tag{4.101}$$

式中，偏导数 $\frac{\partial v_i}{\partial x_j}$ 是速度梯度张量 $\boldsymbol{L}$ 的分量，将其写成

$$\frac{\partial v_i}{\partial x_j}=\frac{1}{2}\left(\frac{\partial v_i}{\partial x_j}+\frac{\partial v_j}{\partial x_i}\right)+\frac{1}{2}\left(\frac{\partial v_i}{\partial x_j}-\frac{\partial v_j}{\partial x_i}\right) \tag{4.102}$$

等号右边第一项即为变形率张量 $\boldsymbol{D}$ 的分量 D_{ij}，第二项为自旋张量 $\boldsymbol{W}$ 的分量 W_{ij}，即

$$W_{ij}=\frac{1}{2}\left(\frac{\partial v_i}{\partial x_j}-\frac{\partial v_j}{\partial x_i}\right) \tag{4.103}$$

显然，$\boldsymbol{D}$ 是对称张量，而 $\boldsymbol{W}$ 是反对称张量。因此，

$$\boldsymbol{L}=\boldsymbol{D}+\boldsymbol{W},\quad \boldsymbol{D}=\frac{1}{2}(\boldsymbol{L}+\boldsymbol{L}^{\mathrm{T}}),\quad \boldsymbol{W}=\frac{1}{2}(\boldsymbol{L}-\boldsymbol{L}^{\mathrm{T}}) \tag{4.104}$$

自旋张量 $\boldsymbol{W}$ 有类似于无限小转动张量 $\boldsymbol{\Omega}$ 的性质，但没有作任何近似。自旋张量是单元体转动的速率。式(4.104)将速度梯度 $\boldsymbol{L}$ 分解成了变形率 $\boldsymbol{D}$ 和自旋 $\boldsymbol{W}$ 两个部分。自旋也可用涡流强度向量 $\boldsymbol{w}$ 来描述：

$$\boldsymbol{w}=\mathrm{curl}\,\boldsymbol{v},\quad w_i=e_{ijk}\frac{\partial u_k}{\partial x_i} \tag{4.105}$$

类似于式(4.96)和式(4.97)，$\boldsymbol{W}$ 和 $\boldsymbol{w}$ 有如下关系：

$$W_{jk}=-\frac{1}{2}e_{ijk}w_i,\quad w_i=-e_{ijk}W_{jk} \tag{4.106}$$

当刚体绕过 O 点单位向量为 $\boldsymbol{n}$ 的轴以角速率 ω 转动时，其速度是

$$\boldsymbol{v}=\omega\boldsymbol{n}\times\boldsymbol{x}\quad 或\quad v_i=e_{ijk}\omega n_j x_k \tag{4.107}$$

因此，在该运动中 $\boldsymbol{w}=2\omega\boldsymbol{n}$，且

$$L_{ik}=e_{ijk}\omega n_j,\quad D_{ik}=0,\quad (L_{ik})=(W_{ik})=\omega\begin{pmatrix}0 & -n_3 & n_2\\ n_3 & 0 & -n_1\\ -n_2 & n_1 & 0\end{pmatrix}$$

所以在刚体旋转中，变形率张量 $\boldsymbol{D}$ 为零。进而可以得出，如果在一般运动上叠加刚体转动公式(4.107)进行修改，那么 $\boldsymbol{D}$ 在修改后的运动与修改前的运动中是相同的。从而确信，$\boldsymbol{D}$ 不会受到叠加转动的影响，因而它是变形率的一个恰当的度量。

F_{iR} 的物质导数是

$$\frac{\mathrm{D}F_{iR}}{\mathrm{D}t}=\frac{\mathrm{D}}{\mathrm{D}t}\left(\frac{\partial x_i}{\partial X_R}\right)=\frac{\partial v_i}{\partial X_R}=\frac{\partial v_i}{\partial x_j}\frac{\partial x_j}{\partial X_R}=L_{ij}F_{jR}$$

因此，

$$\frac{\mathrm{D}\boldsymbol{F}}{\mathrm{D}t}=\boldsymbol{L}\cdot\boldsymbol{F}\quad 或\quad \boldsymbol{L}=\frac{\mathrm{D}\boldsymbol{F}}{\mathrm{D}t}\cdot\boldsymbol{F}^{-1} \tag{4.108}$$

在小位移梯度情况下，因 $\boldsymbol{F}\approx\boldsymbol{I}$，于是有

$$\boldsymbol{L}\approx\frac{\mathrm{D}\boldsymbol{F}}{\mathrm{D}t},\quad \boldsymbol{D}\approx\frac{\mathrm{D}\boldsymbol{E}}{\mathrm{D}t},\quad \boldsymbol{W}\approx\frac{\mathrm{D}\boldsymbol{\Omega}}{\mathrm{D}t},\quad w\approx 2\frac{\mathrm{D}\omega}{\mathrm{D}t} \tag{4.109}$$

习　　题

4.1　流体的运动使 $t=0$ 时位于初始坐标(X_1，X_2，X_3)处的质点运动到现时坐标(x_1，x_2，x_3)处。其中

$$x_1=X_1+X_2t+X_3t^2,$$

$$x_2=X_2+X_3t+X_1t^2,$$

$$x_3=X_3+X_1t+X_2t^2$$

(1) 试求当 $t=0$ 时，在(1，1，1)处质点的速度和加速度；

(2) 试求当 $t=t$ 时，在(1，1，1)处质点的速度和加速度；

(3) 试解释当时间 t 趋近于1时，这种运动在物理意义上是不现实的。

4.2　流体在稳定螺旋流中的速度由下列方程给出：

$$v_1=-Ux_2,\quad v_2=Ux_1,\quad v_3=V$$

其中 U 和 V 为常数。

(1) 试证明 $\mathrm{div}\,\boldsymbol{v}=0$；

(2) 试求在 $\boldsymbol{x}$ 处质点的加速度；

(3) 试确定流线方程。

4.3　稳定流中流体在空间 $\boldsymbol{x}$ 点的速度由下式给出：

$$\boldsymbol{v}=U\frac{a^2(x_1^2-x_2^2)}{(x_1^2+x_2^2)^2}\boldsymbol{e}_1+2U\frac{a^2x_1x_2}{(x_1^2+x_2^2)^2}\boldsymbol{e}_2+V\boldsymbol{e}_3$$

其中 U，V 和 a 为常数。

(1) 试证明 $\operatorname{div}\boldsymbol{v}=0$；

(2) 试求在 $\boldsymbol{x}$ 处质点的加速度；

(3) 试确定流线方程。

4.4　已知速度场

$$v_1=\frac{a_1x_1+a_2x_2}{1+t},\qquad v_2=\frac{b_1x_1+b_2x_2}{1+t},\qquad v_3=\frac{cx_3}{1+t}$$

其中 a_1，a_2，b_1，b_2 和 c 均为常数。

(1) 试证明当 $t=0$ 时，加速度在 x_2 方向的分量为

$$f_2=(a_1b_1+b_1b_2-b_1)X_1+(b_2^2+b_1a_2-b_2)X_2$$

其中 $\boldsymbol{X}$ 表示 $t=0$ 时的位置向量；

(2) 试求当 $a_1=A$，$a_2=0$，$b_1=0$，$b_2=2A$ 和 $c=3A$ 时的迹线和流线，解释它们是否重合。

4.5　证明公式(4.48)和公式(4.49)，即

$$A_S=\lambda a_i\frac{\partial X_S}{\partial x_i}$$

$$\lambda^{-2}=a_ia_j\frac{\partial X_S}{\partial x_i}\frac{\partial X_S}{\partial x_j}$$

4.6　已知物体的变形函数

$$x_1=a_1(X_1+\alpha X_2),\qquad x_2=a_2X_2,\qquad x_3=a_3X_3$$

其中，a_1，a_2，a_3 和 α 均为常数。试求：

(1) 张量 $\boldsymbol{F}$，$\boldsymbol{C}$，$\boldsymbol{B}$，$\boldsymbol{F}^{-1}$，$\boldsymbol{C}^{-1}$，$\boldsymbol{B}^{-1}$，$\boldsymbol{\gamma}$ 和 $\boldsymbol{\eta}$；

(2) 这些常数满足什么条件时，才可发生不可压缩变形；

(3) 设参考构形中有一各棱边与坐标轴平行的单位正方体发生上述变形，变形后各棱边的长度及各棱边间夹角的大小。

4.7　已知简单剪切变形

$$x_1 = X_1 + v(X_2)t, \quad x_2 = X_2, \quad x_3 = X_3, \quad 2\tan\beta = \frac{\mathrm{d}v}{\mathrm{d}X_2}t$$

试求：

(1) 张量 $\boldsymbol{F}$，$\boldsymbol{C}$，$\boldsymbol{B}$，$\boldsymbol{F}^{-1}$，$\boldsymbol{C}^{-1}$，$\boldsymbol{B}^{-1}$，$\boldsymbol{\gamma}$ 和 $\boldsymbol{\eta}$；

(2) $\boldsymbol{C}$ 的主值和主方向。

4.8　已知物体的位移

$$u_1 = AX_1 + BX_1(X_1^2 + X_2^2)^{-1},$$

$$u_2 = AX_2 + BX_2(X_1^2 + X_2^2)^{-1},$$

$$u_3 = CX_3$$

其中，A，B 和 C 均为常数。试求：

(1) 张量 $\boldsymbol{F}$，$\boldsymbol{E}$ 和 $\boldsymbol{\Omega}$；

(2) $\boldsymbol{E}$ 的主值和主方向。

4.9　设一物体的变形函数为

$$x_1 = \sqrt{2}X_1 + \frac{3}{4}\sqrt{2}X_2,$$

$$x_2 = -X_1 + \frac{3}{4}X_2 + \frac{\sqrt{2}}{4}X_3,$$

$$x_3 = X_1 - \frac{3}{4}X_2 + \frac{\sqrt{2}}{4}X_3$$

试求：

(1) 初始构形中沿方向比为 1 : 1 : 1 的线单元在变形后的方向；

(2) 该线单元的伸长率；

(3) 初始构形中法线方向比为 1∶1∶1 的面单元在变形后的法线方向；

(4) 该面单元在变形前后的面积比。

4.10　已知位移场

$$u_1 = kX_1^2, \quad u_2 = kX_2X_3, \quad u_3 = k(2X_1X_3 + X_1^2)$$

其中 $k = 10^{-6}$。试求初始位于(1，0，0)处的线单元的最大伸长率。

4.11　已知一无限小应变张量的矩阵为

$$(E_{ij}) = \begin{pmatrix} k_1X_2 & 0 & 0 \\ 0 & -k_2X_2 & 0 \\ 0 & 0 & -k_2X_2 \end{pmatrix}$$

(1) 试求不发生体积改变的质点的位置；

(2) 试确定 k_1 和 k_2 的关系，使得任一质点都没有体积改变。

4.12　试证明材料线单元在变形中方向不变的条件为

$$(F_{iR} - \lambda\delta_{iR})A_R = 0$$

并推导在简单剪切变形方程(4.76)中仅有垂直于 X_2 的线不发生旋转。

4.13　在现时构形中，证明由单位向量 $\boldsymbol{a}$ 和 $\boldsymbol{b}$ 确定方向的两物质线单元之间的夹角 θ 的变化率由下式确定：

$$\dot{\theta}\sin\theta = (a_ia_j + b_ib_j)D_{ij}\cos\theta - 2a_ib_jD_{ij}$$

并由此推证 $-2D_{ij}(i \neq j)$ 是沿 x_i 和 x_j 轴的两物质线单元之间夹角的瞬时变化率。

4.14　一轴线与 x_3 轴重合的圆截面杆有较小扭转变形，其位移如下：

$$u_1 = -\psi x_2x_3, \quad u_2 = \psi x_1x_3, \quad u_3 = 0$$

式中，ψ 为常数。

(1) 试求出无限小应变和无限小转动的分量；

(2) 试证明无限小应变的一个主分量始终为零，并求出其他两个主分量；

(3) 试求出无限小应变张量的主轴。

第5章　守恒定律

5.1　守恒定律基本概念

经典物理规律中有很多以某一物理量的守恒定律来描述，如熟知的质量守恒定律、电荷守恒定律、动量守恒定律等。此类定律一般不局限适用于某一种或者某一类材料体系，换言之，其必须被恒定遵守。值得提出的是，描述此类一般规律的数学模型须与针对某类特殊材料或体系而提出的数学模型(如“本构关系”)区别对待，这些特殊规律将于第6章和第7章进行详细讨论。

注意，上述所提的守恒定律并不代表涉及的物理量恒定不变，而是指该物理量的增加量(或减少量)恒等于流入量(或流出量)。尽管在物理学中热力学第二定律极为重要，但其一般是以不等式进行描述的，因此本章暂不讨论该定律。

5.2　质量守恒定律

本节我们首先讨论质量守恒定律，其可用两种数学形式进行描述，即拉格朗日形式和欧拉形式。作为必要的预备知识，这里首先描述有限变形对微小体积元的影响。

此处体积元的变形定义仍然沿用 4.1 节及 4.8 ～ 4.10 节的标注形式。考虑一个顶点分别为 P_0，Q_0，R_0，S_0 的微小四面体单元作为参考构型(如图 5.1 所示)，顶点所对应的位置向量分别标记为 $\boldsymbol{X}^{(0)}$，$\boldsymbol{X}^{(0)}+\Delta\boldsymbol{X}^{(1)}$，$\boldsymbol{X}^{(0)}+\Delta\boldsymbol{X}^{(2)}$，$\boldsymbol{X}^{(0)}+\Delta\boldsymbol{X}^{(3)}$，其坐标则分别为

$$X_R^{(0)},\quad X_R^{(0)}+\Delta X_R^{(1)},\quad X_R^{(0)}+\Delta X_R^{(2)},\quad X_R^{(0)}+\Delta X_R^{(3)} \tag{5.1}$$

据此，该微小四面体体积元 ΔV 可写为

$$\Delta V=\frac{1}{6}\Delta X^{(1)}\cdot(\Delta X^{(2)}\times\Delta X^{(3)})=\frac{1}{6}e_{RST}\Delta X_R^{(1)}\Delta X_S^{(2)}\Delta X_T^{(3)} \tag{5.2}$$

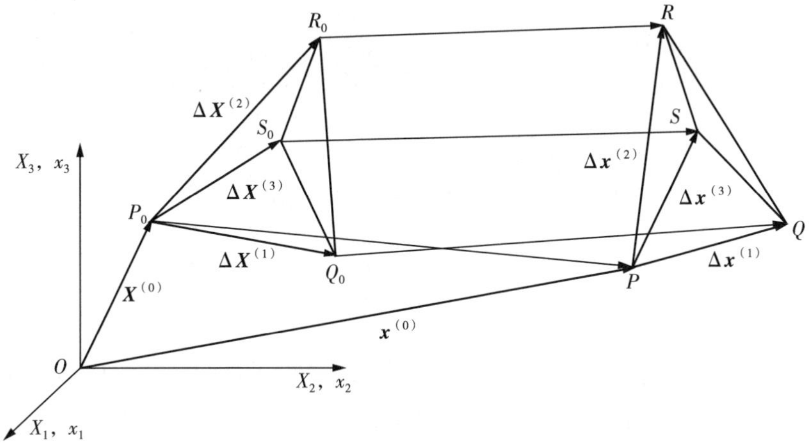

图 5.1　体积元的变形

当初始顶点位置由 P_0，Q_0，R_0，S_0 因变形分别运动到 P，Q，R，S 时，其位置向量可写为 $\boldsymbol{x}^{(0)}$，$\boldsymbol{x}^{(0)}+\Delta\boldsymbol{x}^{(1)}$，$\boldsymbol{x}^{(0)}+\Delta\boldsymbol{x}^{(2)}$，$\boldsymbol{x}^{(0)}+\Delta\boldsymbol{x}^{(3)}$，对应的位置坐标记为 $x_i^{(0)}$，$x_i^{(0)}+\Delta x_i^{(1)}$，$x_i^{(0)}+\Delta x_i^{(2)}$，$x_i^{(0)}+\Delta x_i^{(3)}$。变形后的微小四面体 $PQRS$ 的体积为

$$\Delta v=\frac{1}{6}\Delta x^{(1)}\cdot(\Delta x^{(2)}\times\Delta x^{(3)})=\frac{1}{6}e_{ijk}\Delta x_i^{(1)}\Delta x_j^{(2)}\Delta x_k^{(3)}$$

此处变形被描述为 $x_i=x_i(X_R,t)$，因而存在如下关系：

$$\Delta x_i^{(1)}=\frac{\partial x_i}{\partial X_R}\Delta X_R^{(1)}+o(\Delta X_R^{(1)})^2 \tag{5.3}$$

其中首项导数在 $X_R = X_R^{(0)}$ 处计算求得。$\Delta x_i^{(2)}$ 和 $\Delta x_i^{(3)}$ 可通过类似过程得到。因此体积可表示为

$$\Delta v = \frac{1}{6} e_{ijk} \frac{\partial x_i}{\partial X_R} \frac{\partial x_j}{\partial X_S} \frac{\partial x_k}{\partial X_T} \Delta X_R^{(1)} \Delta X_S^{(2)} \Delta X_T^{(3)} + o(\Delta X_R)^4$$

进一步利用式(2.26)所给的关系 $e_{mpq} \det \mathbf{A} = e_{ijk} A_{im} A_{jp} A_{kq}$，可得

$$\Delta v = \frac{1}{6} e_{RST} \frac{\partial(x_1, x_2, x_3)}{\partial(X_1, X_2, X_3)} \Delta X_R^{(1)} \Delta X_S^{(2)} \Delta X_T^{(3)} + o(\Delta X_R^{(p)})^4 \quad (5.4)$$

式中 $p=1, 2, 3$。此时我们引入雅可比行列式 $J = \det \boldsymbol{F}$，计算方式如下：

$$\frac{\partial(x_1, x_2, x_3)}{\partial(X_1, X_2, X_3)} = \begin{vmatrix} \frac{\partial x_1}{\partial X_1} & \frac{\partial x_1}{\partial X_2} & \frac{\partial x_1}{\partial X_3} \\ \frac{\partial x_2}{\partial X_1} & \frac{\partial x_2}{\partial X_2} & \frac{\partial x_2}{\partial X_3} \\ \frac{\partial x_3}{\partial X_1} & \frac{\partial x_3}{\partial X_2} & \frac{\partial x_3}{\partial X_3} \end{vmatrix}$$

当 $\Delta X_R^{(p)} \to 0 (p=1, 2, 3)$，即所讨论的微小四面体单元的体积趋向于 0 时，根据式(5.2)和式(5.4)可推得如下关系：

$$\frac{\mathrm{d}v}{\mathrm{d}V} = \frac{\partial(x_1, x_2, x_3)}{\partial(X_1, X_2, X_3)} \quad (5.5)$$

由式(4.50)可知，上述表达式的右端为变形梯度张量 $\boldsymbol{F}$ 的雅可比行列式，故

$$J = \frac{\mathrm{d}v}{\mathrm{d}V} = \det \boldsymbol{F} \quad (5.6)$$

若材料不可压缩，有 $\mathrm{d}v/\mathrm{d}V = 1$，即 $\det \boldsymbol{F} = 1$。

根据变形梯度张量的定义

$$F_{iR} = \frac{\partial x_i}{\partial X_R} = \frac{\partial(X_i + u_i)}{\partial X_R} = \delta_{iR} + \frac{\partial u_i}{\partial X_R}$$

可知

$$\det \boldsymbol{F}=\det\left(\delta_{iR}+\frac{\partial u_i}{\partial X_R}\right)=1+\frac{\partial u_i}{\partial X_R}+o\left(\frac{\partial u_i}{\partial X_R}\right)^2$$

当位移 $\boldsymbol{u}$ 的梯度很小时，其高阶量可忽略，从而有

$$\frac{\mathrm{d}v}{\mathrm{d}V}=\det \boldsymbol{F}\approx 1+\frac{\partial u_i}{\partial X_i}=1+E_{ii} \tag{5.7}$$

式中，E_{ii} 为膨胀量，记为 Δ。由式(5.7) 可知，Δ 是微小应变张量的迹，即微小应变张量的第一不变量：

$$\Delta=E_{ii}=\mathrm{tr}\,\boldsymbol{E}=E_1+E_2+E_3$$

针对微小变形，Δ 可描述为初始体积元的单位体积改变量。

以下介绍质量守恒定律的两种表达形式：

(1) 拉格朗日形式

假设取材料的四面体体积元 $P_0Q_0R_0S_0$ 进行分析，在初始构型中(参考坐标系下) 其质量为 Δm，质量守恒定律要求材料在变形后的当前构型中(即时坐标系下) 的质量保持不变。因此，将初始和当前构型中的质量密度分别记为 ρ_0 和 ρ，则

$$\frac{\rho_0}{\rho}=\frac{\mathrm{d}v}{\mathrm{d}V}=\det \boldsymbol{F}\approx 1+E_{ii} \tag{5.8}$$

上式即为质量守恒定律拉格朗日形式的数学描述。

(2) 欧拉形式

式(5.8) 中采用了变形梯度张量 $\boldsymbol{F}$ 表示质量守恒定律，但是实际应用中有时采用速度来描述该定律更为便利。如图 5.2 所示，假设有任一区域 $\mathscr{R}$，此时质量守恒定律可描述为区域 $\mathscr{R}$ 内质量增长率等于通过该区域表面 $\mathscr{S}$ 进入区域内的质量流速率。

定义 $\mathrm{d}S$ 为质量流入区域 $\mathscr{R}$ 内所通过的面积元，此时质点流入速率

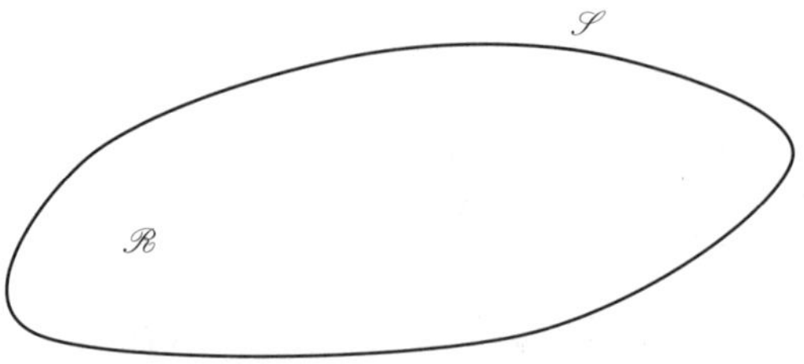

图 5.2 $\mathscr{R}$区域的定义

可写为 $\rho\,\mathrm{d}S$ 与速度的垂直分量乘积，即

$$\iiint_{\mathscr{R}} \frac{\partial\rho}{\partial t}\mathrm{d}V = -\iint_{\mathscr{S}} \rho \boldsymbol{v} \cdot \boldsymbol{n}\mathrm{d}S \tag{5.9}$$

式中，$\partial\rho/\partial t$ 为区域内某点处的质量密度ρ 的增长率。注意到等式右端负号的出现是由于质量流方向与面积元的外法向量方向相反导致。利用散度定理处理等式(5.9) 的右端面积分可得到

$$\iiint_{\mathscr{R}} \left[\frac{\partial\rho}{\partial t} + \mathrm{div}(\rho\boldsymbol{v})\right]\mathrm{d}V = 0 \tag{5.10}$$

因所研究的区域 $\mathscr{R}$ 可任取，故积分等式(5.10) 须处处成立，因此要求被积函数满足处处为 0，即

$$\frac{\partial\rho}{\partial t} + \mathrm{div}(\rho\boldsymbol{v}) = 0 \tag{5.11}$$

式(5.11) 也常被称为连续性方程，借助于 $\boldsymbol{v}$ 和 $\boldsymbol{x}$ 的分量形式，可将其写为如下几种等同的形式：

$$\frac{\partial\rho}{\partial t} + \boldsymbol{v} \cdot \mathrm{grad}\,\rho + \rho\,\mathrm{div}\,\boldsymbol{v} = 0 \tag{5.12}$$

$$\frac{\partial\rho}{\partial t} + v_i \frac{\partial\rho}{\partial x_i} + \rho\frac{\partial v_i}{\partial x_i} = 0 \tag{5.13}$$

$$\frac{\mathrm{D}\rho}{\mathrm{D}t} + \rho\frac{\partial v_i}{\partial x_i} = 0 \tag{5.14}$$

由4.3节可知，密度 ρ 的物质导数可按下式计算：

$$\frac{\mathrm{D}\rho}{\mathrm{D}t}=\frac{\partial\rho}{\partial t}+v_i\frac{\partial\rho}{\partial x_i}$$

若材料不可压缩，密度 ρ 在任一质点位置均为常量，从而可得 $\mathrm{D}\rho/\mathrm{D}t=0$。因此式(5.14)在不可压缩条件下可用如下任一形式表述：

$$\frac{\partial v_i}{\partial x_i}=0,\quad \mathrm{div}\,\boldsymbol{v}=0,\quad D_{ii}=0,\quad \mathrm{tr}\,\boldsymbol{D}=0 \tag{5.15}$$

需要指出的是，利用散度定理将面积分转换为体积分较为常用，该定理的适用范围是面积分的被积函数须处处可导且连续。在连续介质力学中有少部分情形，例如密度、速度、应力及一些其他量在表面处不连续，分为静态和动态研究，如应力波的传播研究，本章暂不讨论。

5.3 体积分的物质导数

假设 Φ 代表域内质点的某物理量(如质量、能量等)，φ 为单位质量的该物理量 Φ，那么 $\rho\varphi$ 即为单位体积内的物理量 Φ。给定时间区间 t，任一固定区域 $\mathscr{R}$ 内的该物理量 Φ 可表示为

$$\iiint_{\mathscr{R}}\varphi\rho\,\mathrm{d}V \tag{5.16}$$

在给定的时间增量 Δt 内，φ 在一个给定的质量或质点范围内因材料透过区域 $\mathscr{R}$ 的表面 $\mathscr{S}$ 的传输而发生变化，t 时刻物理量 Φ 的变化率称为体积分形式的物质导数：

$$\frac{\mathrm{D}}{\mathrm{D}t}\iiint_{\mathscr{R}}\varphi\rho\,\mathrm{d}V \tag{5.17}$$

在固定区域 $\mathscr{R}$ 内物理量 Φ 的增长率等于域内每个质点的 Φ 的即时增长

率与流入该区域$\mathscr{R}$内Φ的净变化率之和，即

$$\frac{\mathrm{D}}{\mathrm{D}t}\iiint_{\mathscr{R}}\varphi\rho\,\mathrm{d}V=\iiint_{\mathscr{R}}\frac{\partial(\varphi\rho)}{\partial t}\mathrm{d}V+\iint_{\mathscr{S}}\varphi\rho\,\boldsymbol{n}\cdot\boldsymbol{v}\mathrm{d}S$$

对上式运用散度定理可得

$$\frac{\mathrm{D}}{\mathrm{D}t}\iiint_{\mathscr{R}}\varphi\rho\,\mathrm{d}V=\iiint_{\mathscr{R}}\left[\frac{\partial(\varphi\rho)}{\partial t}+\mathrm{div}(\varphi\rho\,\boldsymbol{v})\right]\mathrm{d}V \tag{5.18}$$

若取$\varphi=1$，则式(5.16)的体积分可代表质量。质量守恒定律要求该体积分的物质导数为0，故式(5.18)右端积分必须在固定区域$\mathscr{R}$内任一子域恒为0，由此推断右端被积函数须处处为0。据此，式(5.11)的连续方程同样可被推得。

若针对更普适的某单位质量的物理量φ，式(5.18)中右端被积函数也可写为

$$\varphi\left[\frac{\partial\rho}{\partial t}+\mathrm{div}(\rho\boldsymbol{v})\right]+\rho\left(\frac{\partial\varphi}{\partial t}+\boldsymbol{v}\cdot\mathrm{grad}\ \varphi\right) \tag{5.19}$$

然而，由式(4.20)和连续性方程式(5.11)可知，式(5.19)仅剩$\rho\mathrm{D}\varphi/\mathrm{D}t$项，因此，式(5.18)可进一步简化为

$$\frac{\mathrm{D}}{\mathrm{D}t}\iiint_{\mathscr{R}}\varphi\rho\,\mathrm{d}V=\iiint_{\mathscr{R}}\frac{\mathrm{D}\varphi}{\mathrm{D}t}\rho\,\mathrm{d}V \tag{5.20}$$

5.4 线性动量矩守恒

由前面的阐述可知，质量为m的质点的线性动量的变化率等于施加在其体域内的合力$\boldsymbol{p}$，其数学表达式为

$$\frac{\mathrm{D}}{\mathrm{D}t}(m\boldsymbol{v})=\boldsymbol{p}$$

而针对一个连续体，其更一般的叙述如下：固定区域内质点的即时线性动量的改变量与施加在此区域内的合力成比例关系，该合力包括作

用于质点上的单位质量的体力 $\boldsymbol{b}$ 及体域表面上的面力 $\boldsymbol{t}^{(\boldsymbol{n})}$，因此该定律可写为

$$\frac{\mathrm{D}}{\mathrm{D}t}\iiint_{\mathscr{R}}\rho\boldsymbol{v}\,\mathrm{d}V=\iiint_{\mathscr{R}}\rho\boldsymbol{b}\,\mathrm{d}V+\iint_{\mathscr{S}}\boldsymbol{t}^{(\boldsymbol{n})}\,\mathrm{d}S \tag{5.21}$$

利用式(3.8)将上式写成分量形式为

$$\frac{\mathrm{D}}{\mathrm{D}t}\iiint_{\mathscr{R}}\rho v_j\,\mathrm{d}V=\iiint_{\mathscr{R}}\rho b_j\,\mathrm{d}V+\iint_{\mathscr{S}}T_{ij}n_i\,\mathrm{d}S$$

式中，$\boldsymbol{n}$ 为指向面域外方向的向量。

若将式(5.20)中 φ 替换为 v_j，并利用散度定理处理面积分可得

$$\iiint_{\mathscr{R}}\left(\rho\frac{\mathrm{D}v_j}{\mathrm{D}t}-\rho b_j-\frac{\partial T_{ij}}{\partial x_i}\right)=0$$

此定律适用于体域内任意一点，故被积函数须处处为0，其中 $\mathrm{D}v_j/\mathrm{D}t=f_j$，$\boldsymbol{f}$ 为加速度向量，于是有

$$\frac{\partial T_{ij}}{\partial x_i}+\rho b_j=\rho f_j \tag{5.22}$$

该方程为连续体的运动方程，若加速度分量 f_j 为0，则式(5.22)简化为式(3.22)。

5.5 角动量矩守恒

针对一个质点，角动量守恒定律可表述为

$$\frac{\mathrm{D}}{\mathrm{D}t}[m(\boldsymbol{x}\times\boldsymbol{v})]=\boldsymbol{x}\times\boldsymbol{p}$$

与式(5.21)类似，该定律可写为

$$\frac{\mathrm{D}}{\mathrm{D}t}\iiint_{\mathscr{R}}\rho\boldsymbol{x}\times\boldsymbol{v}\mathrm{d}V=\iiint_{\mathscr{R}}\rho\boldsymbol{x}\times\boldsymbol{b}\mathrm{d}V+\iint_{\mathscr{S}}\boldsymbol{x}\times\boldsymbol{t}^{(\boldsymbol{n})}\,\mathrm{d}S$$

或以分量形式表述为

$$\frac{\mathrm{D}}{\mathrm{D}t}\iiint\limits_{\mathscr{R}} \rho e_{ijk} x_j v_k \mathrm{d}V = \iiint\limits_{\mathscr{R}} \rho e_{ijk} x_j b_k \mathrm{d}V + \iint\limits_{\mathscr{S}} e_{ijk} x_j T_{pk} n_p \mathrm{d}S \tag{5.23}$$

与5.4节的计算过程类似，利用散度定理将上式中的面积分转换为体积分，再借助于式(5.20)及 $\varphi = e_{ijk}x_j v_k$，计算可得

$$e_{ijk}\rho \frac{\mathrm{D}}{\mathrm{D}t}(x_j v_k) = e_{ijk}\left[\rho x_j b_k + \frac{\partial}{\partial x_p}(x_j T_{pk})\right] \tag{5.24}$$

利用下述关系：

$$\frac{\mathrm{D}}{\mathrm{D}t}(x_j v_k) = x_j f_k + v_j v_k$$

及

$$\frac{\partial}{\partial x_p}(x_j T_{pk}) = \delta_{pj} T_{pk} + x_j \frac{\partial T_{pk}}{\partial x_p} = T_{jk} + x_j \frac{\partial T_{pk}}{\partial x_p}$$

进一步化简可得

$$e_{ijk}\left[T_{jk} + x_j\left(\frac{\partial T_{pk}}{\partial x_p} + \rho b_k - \rho f_k\right) - \rho v_j v_k\right] = 0 \tag{5.25}$$

因 $e_{ijk} v_j v_k = 0$，并考虑式(5.22)，式(5.25)可进一步化简为

$$e_{ijk} T_{jk} = 0 \quad \text{或} \quad T_{ij} = T_{ji} \tag{5.26}$$

故角动量守恒定律实际得到的结论是**应力张量为对称张量**。

应注意式(5.23)隐含的适用条件为无分布体力偶或面力偶存在。若出现此类分布力偶，应力张量将不再保持对称特性，然而由于此类情况并不常见，故此处不予讨论。

5.6 能量守恒定律

某一时刻一个固定区域材料所具有的动能 K，可适用于质点或刚体

$$K=\frac{1}{2}\iiint_{\mathscr{R}}\rho v_i v_i \mathrm{d}V \tag{5.27}$$

注意动能仅是连续体的部分能量，剩余的部分为内能 E，可表示为

$$E=\iiint_{\mathscr{R}}\rho e \mathrm{d}V \tag{5.28}$$

式中，e 为内能密度。

动能和内能总和(即 $K+E$) 的物质导数等于作用于 $\mathscr{R}$ 的体力和面力所做功的功率与其他形式能量的变化率之和。此处其他形式的能量可有多种不同形式，其中较为重要的有通过表面的热流或者热通量，还有诸如化学组分变化势和辐射、电磁引起的势能变化等，本节仅考虑热能。

上述描述并不实用，仅是能量构成的一般性陈述。若能根据实际情形给出 E 和 e 的具体形式则更为实用，这些内容将在第 6 章和第 7 章分别进行讨论。

若热通量向量用 $\boldsymbol{q}$ 表示，则 $\boldsymbol{q}\cdot\boldsymbol{n}$ 表示单位时间内通过以 $\boldsymbol{n}$ 为单位法向量的单位面积的热流，因此前面所提物质导数的数学表达式为

$$\frac{\mathrm{D}}{\mathrm{D}t}\iiint_{\mathscr{R}}\rho\left(\frac{1}{2}v_i v_i+e\right)\mathrm{d}V=\iiint_{\mathscr{R}}\rho b_i v_i \mathrm{d}V+\iint_{\mathscr{S}}(T_{ji}v_i-q_j)n_j \mathrm{d}S \tag{5.29}$$

利用式(5.20) 处理上式左端，并利用散度定理转换右端的面积分，从而式(5.29) 简化为

$$\rho\frac{\mathrm{D}}{\mathrm{D}t}\left(\frac{1}{2}v_i v_i+e\right)=\rho b_i v_i+\frac{\partial}{\partial x_j}(T_{ji}v_i-q_j) \tag{5.30}$$

因 $\mathrm{D}v_i/\mathrm{D}t=f_i$，故式(5.30) 又可写为

$$\rho\frac{\mathrm{D}e}{\mathrm{D}t}=T_{ji}\frac{\partial v_i}{\partial x_j}-\frac{\partial q_j}{\partial x_j} \tag{5.31}$$

根据角动量守恒定律，$T_{ij}=T_{ji}$，通过指标互换可知：

$$T_{ji}\frac{\partial v_i}{\partial x_j}=\frac{1}{2}T_{ij}\left(\frac{\partial v_i}{\partial x_j}+\frac{\partial v_j}{\partial x_i}\right)=T_{ij}D_{ij}$$

因此，式(5.31)可进一步改写为

$$\rho\frac{\mathrm{D}e}{\mathrm{D}t}=T_{ij}D_{ij}-\frac{\partial q_i}{\partial x_i} \tag{5.32}$$

式中，$T_{ij}D_{ij}$ 为应力功率。式(5.32)即为连续体的能量守恒表达式。

若进一步给定 e 和 $\boldsymbol{q}$ 的具体形式将有助于深入分析具体问题。例如，气体的热量状态方程：$e=e(\rho, T)$，其中 T 为温度。热通量 $\boldsymbol{q}$ 遵循热导方程的傅里叶定律：

$$\boldsymbol{q}=-\kappa\,\mathrm{grad}\ T \tag{5.33}$$

式中，κ 为热导率。注意上述关系式并不能普遍适用，仅适用于一些特殊材料。

5.7 虚功原理

在计算一些连续介质的力学问题时，虚功原理经常被用到，此处作简要介绍。假设体域 $\mathscr{R}$ 内应力场 T_{ij} 满足以下平衡方程：

$$\frac{\partial T_{ij}}{\partial x_i}+\rho b_j=0$$

域内任一点处的速度用 v_i 表示，其在任一点 x_i 均可导，可定义如下形式的变形率张量分量：

$$D_{ij}=\frac{1}{2}\left(\frac{\partial v_i}{\partial x_j}+\frac{\partial v_j}{\partial x_i}\right)$$

注意到此处 T_{ij} 和 v_i 无必然的联系，T_{ij} 可以是任一平衡状态的应力场，v_i 可以是任何可导速度场。现将应力场和速度场的点积在区域 $\mathscr{R}$ 内积分，并利用式(3.22)及角动量守恒定律的结论，$T_{ij}=T_{ji}$，得到

$$\iiint_{\mathscr{R}} T_{ij}D_{ij}\,\mathrm{d}V=\frac{1}{2}\iiint_{\mathscr{R}} T_{ij}\left(\frac{\partial v_i}{\partial x_j}+\frac{\partial v_j}{\partial x_i}\right)\mathrm{d}V=\iiint_{\mathscr{R}} T_{ij}\ \frac{\partial v_j}{\partial x_i}\mathrm{d}V$$

$$=\iiint_{\mathscr{R}}\left(\frac{\partial}{\partial x_i}(T_{ij}v_j)-v_j\ \frac{\partial T_{ij}}{\partial x_i}\right)\mathrm{d}V$$

$$=\iiint_{\mathscr{R}}\left[\frac{\partial}{\partial x_i}(T_{ij}v_j)+\rho v_j b_j\right]\mathrm{d}V$$

进一步运用散度定理可得如下关系：

$$\begin{aligned}\iiint_{\mathscr{R}} T_{ij}D_{ij}\,\mathrm{d}V&=\iint_{\mathscr{S}} T_{ij}v_jn_i\,\mathrm{d}S+\iiint_{\mathscr{R}}\rho v_jb_j\,\mathrm{d}V\\&=\iint_{\mathscr{S}}\boldsymbol{t}^{(\boldsymbol{n})}\cdot\boldsymbol{n}\mathrm{d}S+\iiint_{\mathscr{R}}\rho\boldsymbol{v}\cdot\boldsymbol{b}\mathrm{d}V\end{aligned}\tag{5.34}$$

式中，n_i 为体域 $\mathscr{R}$ 的表面 $\mathscr{S}$ 向外法向量的方向余弦，$\boldsymbol{t}^{(\boldsymbol{n})}$ 为作用于该表面的面力，并产生相应的应力场 T_{ij}。

式(5.34)为常用于连续体分析的虚功原理的数学表达式，其内涵可表述为：应力为 T_{ij}，速度为 v_i 的体域功率等于引起该应力 T_{ij} 的面力和体力所做功率之和。分别将速度 v_i 用微小位移分量 u_i，变形率张量 D_{ij} 用微小应变张量 E_{ij} 替换可得到虚功原理的另一表述。式(5.34)所表述的变分原理形式在连续介质力学问题研究中也很常见。

习　题

5.1　对于满足傅里叶热传导定律的不可压缩牛顿黏性流体，T_{ij}，q_{ij} 和 e 分别由下列公式给出：

$$T_{ij}=-p\delta_{ij}+2\mu_{ij}D_{ij},\qquad q_{ij}=-\kappa\,\frac{\partial T}{\partial x_i},\qquad e=CT$$

其中，μ，κ 和 C 是常量，T 表示温度。试推导该情况下，能量方程可以表达为

$$\rho C\left(\frac{\partial T}{\partial t}+v_i\ \frac{\partial T}{\partial x_i}\right)=2\mu_{ij}D_{ij}D_{ij}+\kappa\ \nabla^2 T$$

5.2　应力、速度和密度穿过某一个曲面时可能出现不连续现象，则这个表面被称为奇异面。如果一个薄的圆柱形区域含有部分奇异面，试证明在一个静止平衡状态的物体中，穿过静止奇异面的 $\boldsymbol{t}^{(n)}$ 是连续的，其中 $\boldsymbol{n}$ 是奇异面的法向量。

5.3　假设一个奇异面沿该表面的法线方向，以相对速度 V 穿过一个物体。试证明穿过该奇异面的变量 ρV 和 $\rho V\boldsymbol{v}+\boldsymbol{t}^{(n)}$ 是连续的。

5.4　一个奇异面沿着单位向量 $\boldsymbol{n}$ 的方向，以相对于固定坐标系大小为 v 的速度运动。试证明如果穿过该奇异面的变量 u 是连续的，则穿过奇异面的变量 $v_i+vn_j\ \dfrac{\partial u_i}{\partial x_j}$ 也是连续的。

第 6 章　线性本构方程

6.1　本构方程与理想材料

目前讨论的等式关系适用于所有一般材料，并不局限于某种特定材料。若需研究某一个或某一类材料体系的力学行为，还需考虑其应力与应变(或变形率)之间的关系，也称本构关系。一些热力学量特别是温度也常需考虑。“本构关系”这一术语在其他物理分支学科(如连续尺度热力学、连续尺度电动学等)中也较为常用，此处不予详细讨论。因实际工程中材料的力学行为极为复杂，很难用精确的数学模型描述，本章仅考虑理想状况下的材料。

本构关系有如下四个一般性原理：

(1) 确定性原理：物体在 t 时刻的状态和行为由物体在该时刻以前的全部运动历史和温度历史所确定。

(2) 局部作用原理：物体中某一点在 t 时刻的行为只由该点任意小邻域的运动历史所确定。

(3) 客观性原理：物体的力学和热学的性质不随观察者的变化而变化。

(4) 减退记忆原理：决定材料当前力学行为的各种变量的历史中，距其越远的历史对当前力学行为的影响越小。

6.2 材料对称性

自然界中大多数材料都具有某种形式的材料对称性，最常见的是“各向同性”。空气、水、多晶金属、混凝土、块状砂体等很多真实材料是各向同性或近乎各向同性的。另外也存在许多有较强方向依赖性的材料如木材、单晶金属等，其对称性及材料性质在各方向不一致。如图 6.1 所示。本节我们将讨论两种常见的材料对称性：旋转对称和镜像对称。

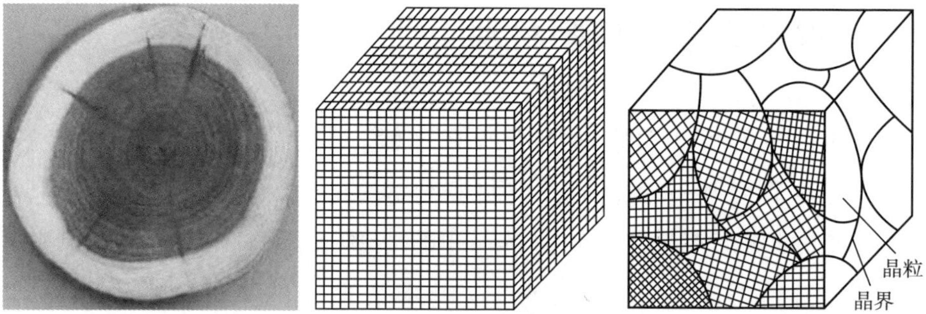

（a）木材　（b）单晶　（c）多晶

图 6.1　不同种类材料的对称性

(1) 旋转对称

如图 6.2 所示，考虑一球形体单元的均匀变形，域内质点从 P_0 运动到 P_1，其变形可用下式描述：

$$\boldsymbol{x}=\boldsymbol{F}\cdot\boldsymbol{X} \tag{6.1}$$

因为是均匀变形，变形梯度张量 $\boldsymbol{F}$ 的分量 F_{iR} 仅依赖于时间 t。

现假设该单元体经历第二种变形，除了整个变形绕 $\boldsymbol{n}$ 轴旋转 α 角度外，该变形与第一种均匀变形相似。初始位置在 $\boldsymbol{Q}\cdot\boldsymbol{X}$ 的质点运动到 $\boldsymbol{Q}\cdot\boldsymbol{x}$ 点，其变形可用下式描述：

$$\boldsymbol{Q}\cdot\boldsymbol{x}=\boldsymbol{F}\cdot\boldsymbol{Q}\cdot\boldsymbol{X} \tag{6.2}$$

其中张量 $\boldsymbol{Q}$ 由式(4.38) 定义。第二种变形如图 6.2(c) 所示，其中 $\boldsymbol{n}=\boldsymbol{e}_3$，且

$$\angle P_0OQ_0=\angle P_1OQ_2=\alpha$$

图 6.2 中(b) 与(c) 形状一致，但后者并不是由前者通过刚体旋转得到。

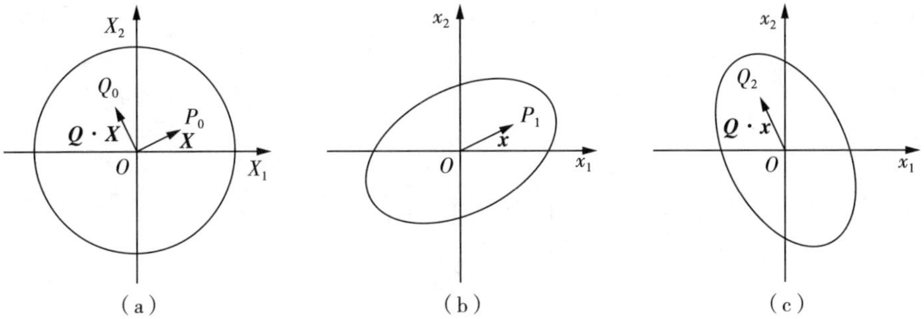

图 6.2　旋转对称

尽管式(6.1) 和式(6.2) 有关联，但二者的本质是不同的，若不考虑材料的对称性，两式将给出不同的应力状态。但若有一种情形使得这两种结果相同，则说明材料有对称性。举例说明，式(6.1) 所描述的变形对应的应力张量表示为 $\boldsymbol{T}$，而式(6.2) 所描述的变形对应的应力张量为 $\boldsymbol{Q}^{\mathrm{T}}\cdot\boldsymbol{T}\cdot\boldsymbol{Q}$。

如下旋转张量表示绕 X_3 轴逆时针旋转 90°：

$$(Q_{iR})=\begin{bmatrix}0 & 1 & 0\\ -1 & 0 & 0\\ 0 & 0 & 1\end{bmatrix}$$

如果材料具有此类旋转对称性，那么沿 X_1 方向产生给定伸长变形所需的力 P_1 应等于沿 X_2 方向产生同样伸长变形所需的力 P_2。

(2) 镜像对称

考虑一球单元体的均匀变形是式(6.1) 所描述变形的镜像，若对

称面为 $X_1=0$，则该变形可用下式表示：

$$\begin{pmatrix}-x_1\\x_2\\x_3\end{pmatrix}=\begin{pmatrix}F_{11}&F_{12}&F_{13}\\F_{21}&F_{22}&F_{23}\\F_{31}&F_{32}&F_{33}\end{pmatrix}\begin{pmatrix}-X_1\\X_2\\X_3\end{pmatrix}\tag{6.3}$$

或

$$\boldsymbol{R}_1\cdot\boldsymbol{x}=\boldsymbol{F}\cdot\boldsymbol{R}_1\cdot\boldsymbol{X}\tag{6.4}$$

张量 $\boldsymbol{R}_1$ 的分量为

$$\begin{pmatrix}-1&0&0\\0&1&0\\0&0&1\end{pmatrix}\tag{6.5}$$

张量 $\boldsymbol{R}_1$ 为(X_2，X_3) 平面内的镜像，其变形如图 6.3 所示。

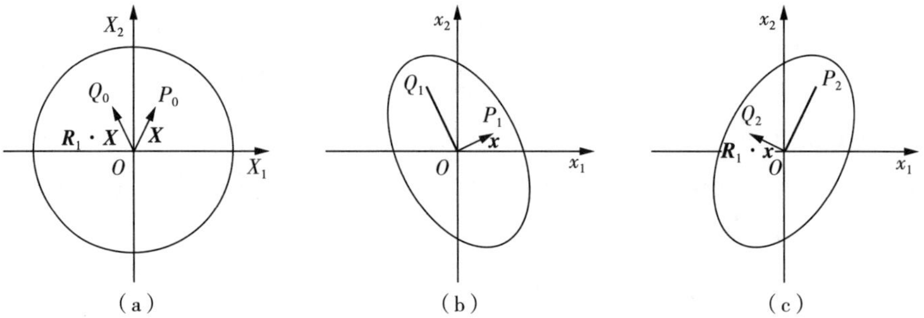

图 6.3　镜像对称

如果材料无对称性，式(6.1) 和式(6.4) 所给变形对应的应力张量则无任何关系。如果镜像对称变形导致 $x_1=0$ 面上的切应力符号相反，那么即可认为材料具有关于该平面的镜像对称性。假设材料有镜像对称性且有式(6.1) 所描述的变形，其产生的应力记为 $\boldsymbol{T}$，那么式(6.4) 所描述的变形对应的应力则为 $\boldsymbol{R}_1^{\mathrm{T}}\cdot\boldsymbol{T}\cdot\boldsymbol{R}_1$。

对于过 O 点的单位向量为 $\boldsymbol{n}$ 的面，其内的镜像对称可由分量为 R_{ij}

的张量 $\boldsymbol{R}$ 定义：

$$\boldsymbol{R}=\boldsymbol{I}-2\boldsymbol{n}\otimes\boldsymbol{n},\quad R_{ij}=\delta_{ij}-2n_i n_j$$

不难验证 $\boldsymbol{R}$ 是对称非正常正交张量，即其矩阵表示的行列式等于－1的正交张量($\det\boldsymbol{R}=-1$)。一种材料的变形如果符合

$$\boldsymbol{R}\cdot\boldsymbol{x}=\boldsymbol{F}\cdot\boldsymbol{R}\cdot\boldsymbol{X} \tag{6.6}$$

即可认为该材料有关于 $\boldsymbol{n}$ 面的镜面对称性。若式(6.1)所描述的变形对应的应力为 $\boldsymbol{T}$，则该镜面对称变形对应的应力为 $\boldsymbol{R}^{\mathrm{T}}\cdot\boldsymbol{T}\cdot\boldsymbol{R}$。

(3) 对称群

对称群由定义材料对称性的张量构成，如旋转张量 $\boldsymbol{Q}$，镜像对称张量 $\boldsymbol{R}$ 等，它是张量的一个有限集合。例如对于各向同性材料，其对称群包含了绕所有轴的所有旋转张量和任意平面的镜像对称张量，是三维正交满群。若材料的对称性较少，则认为其是各向异性材料，其对称群为正交满群的一个子集。如果材料具有所有轴的旋转对称性而没有任何镜像对称性，则称其为“半向同性”。若材料的对称性仅限于关于某一轴(如坐标轴 x)的旋转对称，则称其为“横观各向同性”。若材料仅针对三个互相垂直的平面成镜像对称，则称其为“正交各向异性”。连续介质力学课程中多数情况考虑的材料具有各向同性。

6.3　线弹性

工程应用中的很多固体材料如金属、混凝土、木材等承受常规载荷时仅发生非常小的变形。若去除载荷，它们将完全恢复原来的自然状态。针对此类情况，线弹性理论能很好地描述材料的力学行为。

参考构型内单位体积内能 $\rho_0 e$ 若具有以下性质，则称此类材料为线弹性材料：(a) 近似为无限小应变张量分量的二次函数；(b) 动能 K[式(5.27)] 与内能 E[式(5.28)] 的物质导数之和等于面力与体力的功率之和。

将 $\rho_0 e$ 记为 W，由性质(a) 得

$$W=\frac{1}{2}C_{ijkl}E_{ij}E_{kl} \tag{6.7}$$

式中，C_{ijkl} 为常数。性质(b) 即为不考虑热通量的能量守恒定律。性质(a) 和(b) 表明：在保守系统中，功将转换为动能，或者转换为仅依赖于变形的势能(也称为应变能)。实际上对于更一般的情形，W 也依赖于温度或熵，这属于线性热弹性问题。

式(6.7) 必然不能满足 6.1 节中的四个一般性原理之一，原因在于如果材料仅发生旋转而无变形时，根据式(6.7)，E_{ij} 不能保持为常量。线弹性理论是近似理论，仅适用于变形和旋转均无限小时($\ll 1$)。

假设旧坐标系($\boldsymbol{e}_i$) 转变为新坐标系($\bar{\boldsymbol{e}}_i$)，有正交矩阵 M_{ij} 满足以下关系 $\bar{\boldsymbol{e}}_i=M_{ij}\boldsymbol{e}_j$，那么新旧坐标系中微小应变分量可用下式建立关系：

$$\bar{E}_{rs}=M_{ri}M_{sj}E_{ij}\,,\qquad E_{ij}=M_{ri}M_{sj}\bar{E}_{rs} \tag{6.8}$$

据此，应变能 W 可写为微小应变分量的二次函数

$$W=\frac{1}{2}\bar{C}_{ijkl}\bar{E}_{ij}\bar{E}_{kl} \tag{6.9}$$

应变能 W 为标量，不随坐标系变化，故式(6.7) 和式(6.9) 中的 W 应相等，因此有如下关系：

$$\bar{C}_{pqrs}\bar{E}_{pq}\bar{E}_{rs}=C_{ijkl}E_{ij}E_{kl}=C_{ijkl}M_{pi}M_{qj}M_{rk}M_{sl}\bar{E}_{pq}\bar{E}_{rs}$$

上式适用于任何 $\bar{E}_{ij}$，因此可得

$$\bar{C}_{pqrs}=M_{pi}M_{qj}M_{rk}M_{sl}C_{ijkl}$$

其中 C_{ijkl} 为四阶张量的分量。

四阶张量共有 81 个分量，即 81 个表征线弹性材料性质的弹性常数，其量纲与应力一致。该 81 个弹性常数并非完全独立，在式(6.7)

中互换下标 i 和 j，得

$$W=\frac{1}{2}C_{jikl}E_{ji}E_{kl}$$

利用应变张量的对称性 $E_{ij}=E_{ji}$，得

$$W=\frac{1}{2}C_{jikl}E_{ij}E_{kl}=\frac{1}{2}\left[\frac{1}{2}(C_{ijkl}+C_{jikl})\right]E_{ij}E_{kl}$$

因此 C_{ijkl} 可由 $(C_{ijkl}+C_{jikl})/2$ 替换。类似地，互换下标 k 和 l，最终可得如下关系：

$$C_{ijkl}=C_{jikl}=C_{ijlk}\quad (i,\ j,\ k,\ l=1,\ 2,\ 3) \tag{6.10}$$

上式将独立弹性常数减至 36 个。此外，同时调换下标 i 和 k，j 和 l 可得

$$W=\frac{1}{2}C_{klij}E_{ij}E_{kl}=\frac{1}{2}\left[\frac{1}{2}(C_{ijkl}+C_{klij})\right]E_{ij}E_{kl}$$

因此可看出 C_{ijkl} 具有如下形式的对称性：

$$C_{ijkl}=C_{klij} \tag{6.11}$$

据此，独立弹性常数可进一步减少至 21 个。后续还可利用材料的对称性进一步减少独立弹性常数的个数。

弹性应变能 W 恒正，因此式(6.7) 是关于 E_{ij} 的正定二次式。

应用线弹性材料的性质(b) 及式(5.31)，将 e 替换为 W/ρ_0，并忽略热流项，可得

$$T_{ij}\frac{\partial v_i}{\partial x_j}=\frac{\rho}{\rho_0}\frac{\mathrm{D}W}{\mathrm{D}t} \tag{6.12}$$

由式(5.7) 和式(5.8) 可知 $\rho/\rho_0=1+o(E_{ij})$。根据小变形假设，将 ρ 替换为 ρ_0，式(6.12) 变为

$$T_{ij}\frac{\partial v_i}{\partial x_j}=\frac{\mathrm{D}W}{\mathrm{D}t}$$

由 5.6 节中 $T_{ij}\,\partial v_i/\partial x_j = T_{ij}D_{ij}$ 可得

$$T_{ij}D_{ij} = \frac{\mathrm{D}W}{\mathrm{D}t} \tag{6.13}$$

因 W 仅依赖于微小应变分量 E_{ij}，式(6.13) 可写为

$$T_{ij}D_{ij} = \frac{\partial W}{\partial E_{ij}} \frac{\mathrm{D}E_{ij}}{\mathrm{D}t}$$

利用式(4.109)，可进一步得到

$$T_{ij}D_{ij} = \frac{\partial W}{\partial E_{ij}} D_{ij}$$

上式对于任意 D_{ij} 均成立，因此

$$T_{ij} = \frac{\partial W}{\partial E_{ij}}$$

然而，由式(6.7) 和式(6.11) 可知

$$\frac{\partial W}{\partial E_{ij}} = \frac{1}{2} \frac{\partial}{\partial E_{ij}}(C_{pqrs}E_{pq}E_{rs}) = \frac{1}{2}C_{pqrs}(\delta_{ip}\delta_{jq}E_{rs} + \delta_{ir}\delta_{js}E_{pq})$$

$$= \frac{1}{2}(C_{ijrs}E_{rs} + C_{pqij}E_{pq}) = C_{ijrs}E_{rs}$$

于是有

$$T_{ij} = C_{ijrs}E_{rs} \tag{6.14}$$

式(6.14) 即为线弹性体的本构方程。显然应力分量为微小应变分量的线性函数。

线弹性理论的另一个推导思路是以式(6.14) 为起点而不是作为式(6.7) 的结果。但是若以式(6.7) 为起点，利用式(6.11) 推导更易于理解。

如前所提，根据材料的对称性可进一步减少独立弹性常数的个数。例如材料结构关于(X_2，X_3) 平面镜像对称，其对称张量 $\boldsymbol{R}_1$ 为

$$\begin{pmatrix} -1 & 0 & 0 \\ 0 & 1 & 0 \\ 0 & 0 & 1 \end{pmatrix}$$

由 $E_{ij}=\frac{1}{2}(F_{ij}+F_{ji})-\delta_{ij}$ 易知用式(6.3)替换式(6.1)等同于用 $-E_{12}$ 替换 E_{12}，$-E_{13}$ 替换 E_{13}，而其他分量保持不变。若 $\boldsymbol{R}_1$ 属于对称群，W 经上述替换必须保持不变：

$$\begin{aligned} &W(E_{11},E_{22},E_{33},E_{23},E_{31},E_{12})= \\ &W(E_{11},E_{22},E_{33},E_{23},-E_{31},-E_{12}) \end{aligned} \tag{6.15}$$

此关系对所有 E_{ij} 成立。由式(6.7)和式(6.15)得

$$C_{1112}=C_{1113}=C_{1222}=C_{1223}=C_{1233}=C_{1322}=C_{1323}=C_{1333}=0$$

假设材料为各向同性，E_{ij} 为如前所述的微小应变分量，其对称群将包含所有正交张量 $\boldsymbol{Q}$，相应的应力分量 T_{ij} 由式(6.14)给出，对应于式(6.2)所描述变形的微小应变分量则表示为

$$\overline{E}_{pq}=Q_{kp}\left(\frac{1}{2}F_{kl}+\frac{1}{2}F_{lk}-\delta_{kl}\right)Q_{lq}=Q_{kp}Q_{lq}E_{kl} \tag{6.16}$$

与其关联的应力分量为

$$\overline{T}_{rs}=C_{rspq}\overline{E}_{pq} \tag{6.17}$$

若 $\boldsymbol{Q}$ 属于对称群，则

$$T_{ij}=Q_{ir}Q_{js}\overline{T}_{rs} \tag{6.18}$$

于是由式(6.16)、式(6.17)和式(6.18)得

$$T_{ij}=Q_{ir}Q_{js}Q_{kp}Q_{lq}C_{rspq}E_{kl} \tag{6.19}$$

比较式(6.14)和式(6.19)可知

$$C_{ijkl}=Q_{ir}Q_{js}Q_{kp}Q_{lq}C_{rspq} \tag{6.20}$$

若材料为各向同性，此式须对任意正交张量 $\boldsymbol{Q}$ 成立。式(6.20) 给出了 C_{ijkl} 是四阶各向同性张量分量的定义(见 2.10 节)。最常见的四阶各向同性张量为

$$C_{ijkl}=\lambda\delta_{ij}\delta_{kl}+\mu\delta_{ik}\delta_{jl}+\nu\delta_{il}\delta_{jk} \tag{6.21}$$

本构方程式(6.14) 可写为

$$T_{ij}=\lambda\delta_{ij}E_{kk}+\mu E_{ij}+\nu E_{ji}$$

既然 $E_{ij}=E_{ji}$，为不失一般性，令 $\nu=\mu$，于是

$$T_{ij}=\lambda\delta_{ij}E_{kk}+2\mu E_{ij} \tag{6.22}$$

或采用张量形式表述为

$$\boldsymbol{T}=\lambda\boldsymbol{I}\operatorname{tr}\boldsymbol{E}+2\mu\boldsymbol{E}$$

式(6.22) 即为各向同性线弹性体的本构方程，此类材料一般由两个弹性常数 λ 和 μ 表征。

注意：由于式(6.21) 具有 $C_{ijkl}=C_{klij}$ 形式的对称性，因此，对于各向同性材料无论是利用式(6.7) 还是利用式(6.14) 作为起点均可得到式(6.22)。

6.4 牛顿黏性流体

在水、空气和其他流体的实验中，观察到简单剪切流中切应力与剪切率 s 成比例，即相邻两层平行流动的液体间产生的切应力与垂直于流动方向的速度梯度成正比，这一规律在很广的范围内都适用。此类行为是“牛顿黏性流体”的典型特征。

考虑有如下形式本构方程的流体：

$$T_{ij}=-p(\rho,\theta)\delta_{ij}+B_{ijkl}(\rho,\theta)D_{kl} \tag{6.23}$$

式中，θ 为温度。若流体是静止的，$D_{kl}=0$，则式(6.23) 简化为

$$T_{ij} = -p(\rho, \theta)\delta_{ij} \tag{6.24}$$

式(6.24)即为流体静力学的本构方程，$p(\rho, \theta)$表示静水压力。因此式(6.23)表明，在运动的流体中除静水压力外的另一部分压力与变形率张量成线性关系。

若流体是各向同性的，与6.3节中从式(6.14)到式(6.22)的推导过程所用的依据类似，可得出B_{ijkl}是四阶各向同性张量的分量的结论，于是式(6.23)可写成如下形式：

$$T_{ij} = \{-p(\rho, \theta) + \lambda(\rho, \theta)D_{kk}\}\delta_{ij} + 2\mu(\rho, \theta)D_{ij} \tag{6.25}$$

或以张量形式表述为

$$\boldsymbol{T} = [-p(\rho, \theta) + \lambda(\rho, \theta)\mathrm{tr}\,\boldsymbol{D}]\boldsymbol{I} + 2\mu(\rho, \theta)\boldsymbol{D}$$

此处黏性系数$\lambda(\rho, \theta)$和$\mu(\rho, \theta)$显然与6.3节中介绍的弹性系数λ和μ不同，它们用于表征一种特殊的线性黏性流体。

4.15节已证明刚体运动时$D_{ij}=0$，且将刚体运动叠加到给定的其他运动时不会改变D_{ij}的值，因此式(6.25)的右端不受叠加的刚体运动的影响，即其所表达的本构关系不依赖于刚体运动。这与6.3节中讨论的线弹性情形不同(仅近似适用于小变形和旋转情况)。式(6.25)常用于精确描述黏性流体的行为。实践证明，其确实能够较好地描述很多流体的力学行为。

值得指出的是，各向同性特征实际是式(6.23)中应力不受刚体运动影响的结论所导致的结果，因此该假设无须再单独提出。实际上并非所有流体都是各向同性的，对各向异性流体需要更全面的描述。

注意式(6.25)有若干特殊情况：

(1) 若应力是静水压力(见3.10节)，那么有

$$T_{ij} = \frac{1}{3}T_{kk}\delta_{ij} = \left[-p(\rho, \theta) + \left(\lambda + \frac{2}{3}\mu\right)D_{kk}\right]\delta_{ij} \tag{6.26}$$

仅考虑静水压力作用时，常假设应力仅依赖于 ρ 和 θ，而与膨胀率 D_{kk} 无关，因此有 $\lambda+\frac{2}{3}\mu=0$。

(2) 若材料是非黏性的，则有 $\lambda=0$ 和 $\mu=0$，本构关系简化为式(6.24)，其应力总为静水压力。

(3) 若流体是不可压缩的，则 ρ 为常数，且 $D_{kk}\to 0$，因式(6.25)可简化为

$$T_{ij}=-p\delta_{ij}+2\mu(\theta)D_{ij} \quad \text{或} \quad \boldsymbol{T}=-p\boldsymbol{I}+2\mu(\theta)\boldsymbol{D} \tag{6.27}$$

其中 p 为任意函数，μ 仅与 θ 有关，λD_{kk} 已并入任意函数 p 中。当材料不可压缩时，$D_{kk}\to 0$，$\lambda\to\infty$，λD_{kk} 趋向于有限极限。

(4) 若流体是非黏性不可压缩的理想流体，则

$$T_{ij}=-p\delta_{ij} \quad \text{或} \quad \boldsymbol{T}=-p\boldsymbol{I} \tag{6.28}$$

此处 p 为任意函数，无法由本构关系得到。

6.5 线性黏弹性

实际工程中许多材料(特别是被称为“塑性的”材料)同时具有弹性固体和黏性流体的某些性质，此类材料被称为黏弹性体。黏弹性现象可由蠕变和应力松弛实验说明。

考虑一简单拉伸实验：$t=0$ 时刻给一个无初始应力的黏弹性细长绳迅速施加一大小为 F_0 的拉力，然后保持拉力恒定，如图 6.4(a) 所示。图6.4(b) 为伸长量 e 与时间 t 之间的关系：在常载荷作用下，初始伸长量为 e_0 的细长绳持续伸长。图 6.4 所示即为材料的蠕变现象。若材料为黏弹性固体，随着时间的增长，伸长量将趋于有限极限。若材料为黏弹性流体，其将无限伸长。

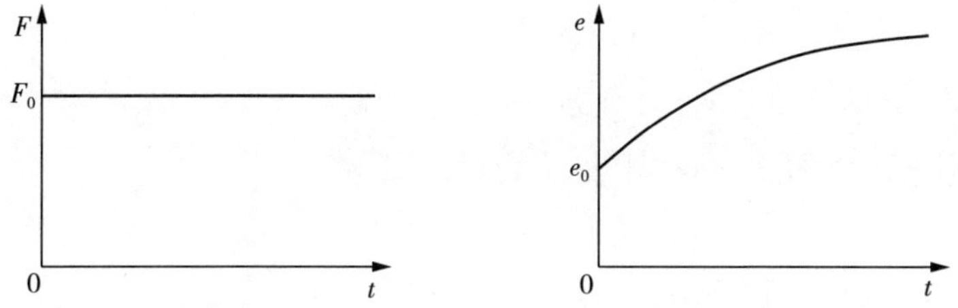

图 6.4　蠕变曲线

另一方面，假设 $t=0$ 时刻给定细长绳的伸长量为 e_0 并保持不变，如图 6.5(a) 所示，其对应的受力如图 6.5(b) 所示。$t=0$ 时刻力 F 由 0 瞬间增长至 F_0 然后下降，即应力松弛。对于黏弹性流体，时间 $t\rightarrow\infty$ 时，力 F 趋向于零；对于黏弹性固体，时间 $t\rightarrow\infty$ 时，力 F 趋向于有限极限。

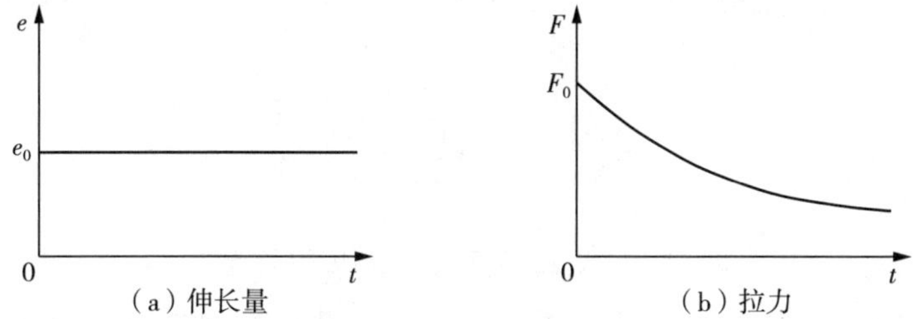

图 6.5　应力松弛曲线

以下仅考虑小变形，因此用微小应变张量描述。受图 6.5 所示变化关系的启发，假设 τ 时刻的应变增量 ΔE_{ij} 在随后的某一时刻 t 时引起应力增量 ΔT_{ij}，其增长量依赖于施加应变增量后的时间间隔，因此

$$\Delta T_{ij}(t)=G_{ijkl}(t-\tau)\Delta E_{kl}(\tau) \tag{6.29}$$

式中，G_{ijkl} 为关于时间 $(t-\tau)$ 的减函数。运用叠加原理，t 时刻总的应力为

$$T_{ij}(t)=\int_{-\infty}^{t}G_{ijkl}(t-\tau)\frac{\mathrm{d}E_{kl}(\tau)}{\mathrm{d}\tau}\mathrm{d}\tau \tag{6.30}$$

式(6.30)即为线性黏弹性材料的本构关系。函数 G_{ijkl} 被称为松弛函数。若在久远的过去某一时刻应变为0，即 $\tau \to -\infty$ 时，$E_{kl} \to 0$，通过分部积分运算，式(6.30)可表示为另一形式

$$T_{ij}(t) = E_{kl}(t) G_{ijkl}(0) - \int_{-\infty}^{t} E_{kl}(\tau) \frac{\mathrm{d}G_{ijkl}(t-\tau)}{\mathrm{d}\tau} \mathrm{d}\tau \tag{6.31}$$

应力松弛函数 $G_{ijkl}(t-\tau)$ 具有 $G_{ijkl} = G_{jikl} = G_{ijlk}$ 形式的对称性；除非另作假设，不具有 $G_{ijkl} = G_{klij}$ 形式的对称性。若材料是各向同性的，则 $G_{ijkl}(t-\tau)$ 为四阶各向同性张量的分量，式(6.30)简化为

$$T_{ij} = \delta_{ij} \int_{-\infty}^{t} \lambda(t-\tau) \frac{\mathrm{d}E_{kk}(\tau)}{\mathrm{d}\tau} \mathrm{d}\tau + 2\int_{-\infty}^{t} \mu(t-\tau) \frac{\mathrm{d}E_{ij}(\tau)}{\mathrm{d}\tau} \mathrm{d}\tau \tag{6.32}$$

式(6.32)仅需两个松弛函数 $\lambda(t-\tau)$ 和 $\mu(t-\tau)$ 来描述材料的行为。

式(6.30)的逆关系式为

$$E_{ij}(t) = \int_{-\infty}^{t} J_{ijkl}(t-\tau) \frac{\mathrm{d}T_{kl}}{\mathrm{d}\tau} \mathrm{d}\tau \tag{6.33}$$

式中，$J_{ijkl}(t-\tau)$ 为蠕变函数。若材料是各向同性的，$J_{ijkl}(t-\tau)$ 也为四阶各向同性张量的分量且具有与 $G_{ijkl}(t-\tau)$ 相同形式的对称性。

习　　题

6.1　线弹性材料若在 (X_1, X_2)，(X_2, X_3)，(X_3, X_1) 三个坐标面上呈反镜像对称。此类材料称为正交各向异性材料。试证明该材料具有9个独立的弹性常数。

6.2　证明横观各向同性的线性体具有5个独立的弹性常数，并写出该横观各向同性的线性体相对于坐标轴 X_3 的 W 的形式。

6.3　设 $\boldsymbol{\sigma}$，$\boldsymbol{\varepsilon}$，$\mathbf{C}$ 分别表示各向同性弹性本构方程中的应力、应变和弹性常数矩阵，且有

$$\begin{pmatrix}\sigma_{11}\\ \sigma_{22}\\ \sigma_{33}\\ \sigma_{23}\\ \sigma_{13}\\ \sigma_{12}\end{pmatrix}=\frac{E}{(1+v)(1-2v)}\begin{pmatrix}1-v & v & v & 0 & 0 & 0\\ v & 1-v & v & 0 & 0 & 0\\ v & v & 1-v & 0 & 0 & 0\\ 0 & 0 & 0 & \frac{(1-2v)}{2} & 0 & 0\\ 0 & 0 & 0 & 0 & \frac{(1-2v)}{2} & 0\\ 0 & 0 & 0 & 0 & 0 & \frac{(1-2v)}{2}\end{pmatrix}\begin{pmatrix}\varepsilon_{11}\\ \varepsilon_{22}\\ \varepsilon_{33}\\ 2\varepsilon_{23}\\ 2\varepsilon_{13}\\ 2\varepsilon_{12}\end{pmatrix}-\frac{E\alpha\Delta T}{1-2v}\begin{pmatrix}1\\1\\1\\0\\0\\0\end{pmatrix}$$

(1) 试计算各向同性材料刚度矩阵的特征值，并用杨氏模量和泊松比表示，证明当且仅当 $-1<v<1/2$ 且 $E>0$ 时特征值是正的(材料稳定的必要条件)；

(2) 试计算弹性常数矩阵 **C** 的特征向量，并利用所求特征向量解释相关的变形。

6.4 证明：对于线弹性体，可以从本构方程 $T_{ij}=\lambda\delta_{ij}E_{kk}+2\mu E_{ij}$ 和运动方程 $\frac{\partial T_{ij}}{\partial x_i}T_{ij}=\rho f_j$ 导出 Navier 方程

$$(\lambda+\mu)\frac{\partial^2 u_k}{\partial x_k\,\partial x_i}+\mu\frac{\partial^2 u_i}{\partial x_k^2}=\rho\frac{\partial^2 u_i}{\partial t^2}$$

6.5 各向同性线弹性体受简单拉伸，

$$T_{11}=EE_{11},\qquad T_{22}=T_{33}=T_{23}=T_{31}=T_{12}=0,\qquad E_{22}=E_{33}=-\upsilon E_{11}$$

式中，E 是杨氏模量，υ 是泊松比。

(1) 证明：

$$E=\frac{\mu(3\lambda+2\mu)}{(\lambda+\mu)}$$

和

$$\upsilon = \frac{\lambda}{2(\lambda + \mu)}$$

(2) 证明：本构方程 $T_{ij} = \lambda\delta_{ij}E_{kk} + 2\mu E_{ij}$ 可表示为

$$\boldsymbol{E} = \frac{1}{E}[(1+\upsilon)\boldsymbol{T} - \upsilon\boldsymbol{I}\,\mathrm{tr}\,\boldsymbol{T}]$$

6.6　证明对于各向同性线性弹性体，W 为正定阵的充分必要条件为 $\mu > 0$ 且 $\lambda + \frac{2}{3}\mu > 0$。

6.7　在平面应力或平面应变状态下，平衡方程简化为

$$\frac{\partial T_{11}}{\partial x_1} + \frac{\partial T_{21}}{\partial x_2} = 0, \qquad \frac{\partial T_{12}}{\partial x_1} + \frac{\partial T_{22}}{\partial x_2} = 0$$

以上应力分量用 Airy 应力函数 χ 表示为

$$T_{11} = \frac{\partial^2 \chi}{\partial x_2^2}, \qquad T_{22} = \frac{\partial^2 \chi}{\partial x_1^2}, \qquad T_{12} = \frac{\partial^2 \chi}{\partial x_1\, \partial x_2}$$

(1) 证明：以上应力分量满足平衡方程；

(2) 证明：在平面应力或平面应变状态下，各向同性线弹性体的 Airy 应力函数满足双调和方程

$$\nabla^4 \chi = \left(\frac{\partial^2}{\partial x_1^2} + \frac{\partial^2}{\partial x_2^2}\right)^2 \chi = 0$$

6.8　从本构方程 $T_{ij} = -p\delta_{ij} + 2\mu(\theta)D_{ij}$ 和运动方程 $\frac{\partial T_{ij}}{\partial x_i}T_{ij} + \rho b_j = \rho f_j$ 导出不可压缩牛顿流体的 Navier - Stokes 方程

$$\rho b_i - \frac{\partial p}{\partial x_1} + \mu\,\frac{\partial^2 \upsilon_i}{\partial x_j\, \partial x_j} = \rho\left(\frac{\partial \upsilon_i}{\partial t} + \upsilon_j\,\frac{\partial \upsilon_i}{\partial x_j}\right)$$

6.9　Voigt 固体是黏弹性材料模型的一种，其在单向拉伸下的应力-应变方程为

$$\boldsymbol{\sigma} = E_0(\boldsymbol{\varepsilon} + t_0\dot{\boldsymbol{\varepsilon}})$$

式中，E_0 和 t_0 是常量。

(1) 绘制该材料的蠕变和应力松弛曲线；

(2) 证明应力松弛函数为

$$E_0\{1+t_0\delta(t-\tau)\}$$

(3) 求解不可压缩各向同性材料的三维本构方程。

6.10　Maxwell 流体是黏弹性材料模型的一种，其在单向拉伸下的应力-应变方程为

$$E_1\dot{\boldsymbol{\varepsilon}}=\dot{\boldsymbol{\sigma}}+\frac{\boldsymbol{\sigma}}{t_1}$$

式中，E_1 和 t_1 是常量。

(1) 绘制该材料的蠕变和应力松弛曲线；

(2) 证明应力松弛函数为

$$E_1\exp\left\{-\frac{(1-\tau)}{t_1}\right\}$$

(3) 证明不可压缩各向同性材料本构方程的积分形式为

$$T_{ij}=\delta_{ij}\int_{-\infty}^{t}\lambda(t-\tau)\frac{\mathrm{d}E_{kk}(\tau)}{\mathrm{d}\tau}\mathrm{d}\tau+2\int_{-\infty}^{t}\mu(t-\tau)\frac{\mathrm{d}E_{ij}(\tau)}{\mathrm{d}\tau}\mathrm{d}\tau$$

第 7 章　有限变形与非线性本构方程

7.1　面积元的变形

4.8 节讨论了线单元的伸长，5.2 节讨论了体积元的变化，面积元及其表面法向量在变形过程中的变化也很重要，现于本节进行讨论。

如图 7.1 所示，考虑以 P_0，Q_0，R_0 为顶点的三角形面积元作为初始构型，变形前后的面积分别记为 ΔS 和 Δs，变形前后的单位法向量分别记为 $\boldsymbol{N}$ 和 $\boldsymbol{n}$。

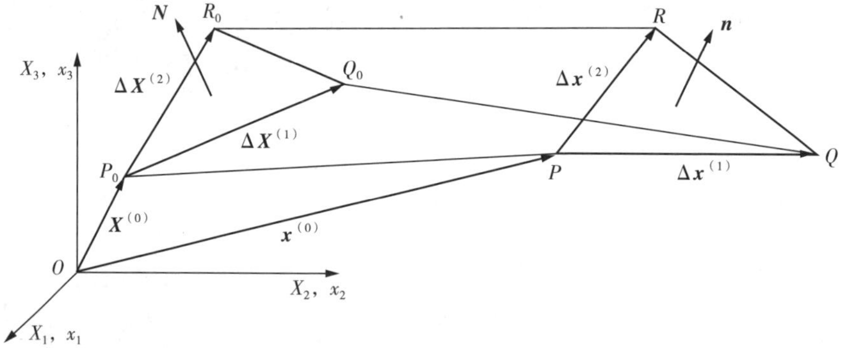

图 7.1　面积元的变形

变形前面单元的面积可表示为

$$\boldsymbol{N}\Delta S = \frac{1}{2}\Delta\boldsymbol{X}^{(1)} \times \Delta\boldsymbol{X}^{(2)} \quad 或 \quad N_R \Delta S = \frac{1}{2} e_{RST} \Delta X_S^{(1)} \Delta X_T^{(2)} \quad (7.1)$$

变形后面单元的面积可表示为

$$\boldsymbol{n}\Delta s=\frac{1}{2}\Delta\boldsymbol{x}^{(1)}\times\Delta\boldsymbol{x}^{(2)}\quad 或\quad n_i\Delta s=\frac{1}{2}e_{ijk}\Delta x_j^{(1)}\Delta x_k^{(2)}\tag{7.2}$$

根据式(5.3)，有

$$n_i\Delta s=\frac{1}{2}e_{ijk}\Delta x_j^{(1)}\Delta x_k^{(2)}=\frac{1}{2}e_{ijk}\frac{\partial x_j}{\partial X_S}\frac{\partial x_k}{\partial X_T}\Delta X_S^{(1)}\Delta X_T^{(2)}+o\,(\Delta X_R^{(\alpha)})^3$$

其中 α 取 1 或 2。上式两边同乘 $\partial x_i/\partial X_R$ 得到以下表达：

$$n_i\frac{\partial x_i}{\partial X_R}\Delta s=\frac{1}{2}e_{ijk}\frac{\partial x_i}{\partial X_R}\frac{\partial x_j}{\partial X_S}\frac{\partial x_k}{\partial X_T}\Delta X_S^{(1)}\Delta X_T^{(2)}+o\,(\Delta X_R^{(\alpha)})^3$$

再根据式(2.26)和式(7.1)，有

$$\begin{aligned}n_i\frac{\partial x_i}{\partial X_R}\Delta s&=\frac{1}{2}e_{RST}\frac{\partial(x_1,\ x_2,\ x_3)}{\partial(X_1,\ X_2,\ X_3)}\Delta X_S^{(1)}\Delta X_T^{(2)}+o\,(\Delta X_R^{(\alpha)})^3\\&=\frac{\partial(x_1,\ x_2,\ x_3)}{\partial(X_1,\ X_2,\ X_3)}N_R\Delta S+o\,(\Delta X_R^{(\alpha)})^3\end{aligned}\tag{7.3}$$

若 $\Delta X^{(1)}\rightarrow 0$ 和 $\Delta X^{(2)}\rightarrow 0$，式(7.3)可写为

$$n_i\frac{\partial x_i}{\partial X_R}\frac{\mathrm{d}s}{\mathrm{d}S}=\frac{\partial(x_1,\ x_2,\ x_3)}{\partial(X_1,\ X_2,\ X_3)}N_R=(\det\boldsymbol{F})N_R=\frac{\rho_0}{\rho}N_R\tag{7.4}$$

由于 **N** 为单位向量，式(7.4)变为

$$\begin{aligned}1=N_RN_R&=(\det\boldsymbol{F})^{-2}n_in_j\frac{\partial x_i}{\partial X_R}\frac{\partial x_j}{\partial X_R}\left(\frac{\mathrm{d}s}{\mathrm{d}S}\right)^2\\&=(\det\boldsymbol{F})^{-2}n_in_jB_{ij}\left(\frac{\mathrm{d}s}{\mathrm{d}S}\right)^2\end{aligned}\tag{7.5}$$

因此可得

$$\left(\frac{\mathrm{d}s}{\mathrm{d}S}\right)^2=\frac{(\det\boldsymbol{F})^2}{n_in_jB_{ij}}\tag{7.6}$$

若采用张量形式，式(7.4) 和式(7.6) 可分别写为

$$\boldsymbol{N}\det \boldsymbol{F}=\boldsymbol{n}\cdot\boldsymbol{F}\frac{\mathrm{d}s}{\mathrm{d}S} \tag{7.7}$$

$$\left(\frac{\mathrm{d}s}{\mathrm{d}S}\right)^2=\frac{(\det \boldsymbol{F})^2}{\boldsymbol{n}\cdot\boldsymbol{B}\cdot\boldsymbol{n}} \tag{7.8}$$

其中 $\boldsymbol{n}$ 由式(7.4) 或式(7.7) 给出。式(7.7) 和式(7.8) 的逆关系可分别表示为

$$\boldsymbol{n}\det \boldsymbol{F}^{-1}=\boldsymbol{N}\cdot\boldsymbol{F}^{-1}\frac{\mathrm{d}S}{\mathrm{d}s} \tag{7.9}$$

$$\left(\frac{\mathrm{d}S}{\mathrm{d}s}\right)^2=\frac{(\det \boldsymbol{F}^{-1})^2}{\boldsymbol{N}\cdot\boldsymbol{C}^{-1}\cdot\boldsymbol{N}} \tag{7.10}$$

7.2 变形的分解

根据极分解理论(见 2.5 节和 2.11 节)，变形梯度 $\boldsymbol{F}$ 可表示为

$$\boldsymbol{F}=\boldsymbol{R}\cdot\boldsymbol{U}=\boldsymbol{V}\cdot\boldsymbol{R} \tag{7.11}$$

其中 $\boldsymbol{R}$ 为正交张量，$\boldsymbol{U}$ 与 $\boldsymbol{V}$ 为对称正定张量，$\det \boldsymbol{F}=\rho_0/\rho>0$。$\boldsymbol{R}$ 可被称为正常正交张量。对给定的 $\boldsymbol{F}$，张量 $\boldsymbol{R}$，$\boldsymbol{U}$，$\boldsymbol{V}$ 是唯一的。据式(7.11) 可得

$$\boldsymbol{U}=\boldsymbol{R}^{\mathrm{T}}\cdot\boldsymbol{V}\cdot\boldsymbol{R},\quad \boldsymbol{V}=\boldsymbol{R}\cdot\boldsymbol{U}\cdot\boldsymbol{R}^{\mathrm{T}} \tag{7.12}$$

首先考虑均质变形

$$\boldsymbol{x}=\boldsymbol{F}\cdot\boldsymbol{X} \tag{7.13}$$

此时 $\boldsymbol{F}$ 为常量。若假设物体先后经历了两次均质变形：

$$\hat{\boldsymbol{x}}=\boldsymbol{U}\cdot\boldsymbol{X},\quad \boldsymbol{x}=\boldsymbol{R}\cdot\hat{\boldsymbol{x}} \tag{7.14}$$

由式(7.11) 和式(7.14) 可得

$$\boldsymbol{x}=\boldsymbol{R}\cdot\hat{\boldsymbol{x}}=\boldsymbol{R}\cdot\boldsymbol{U}\cdot\boldsymbol{X}=\boldsymbol{F}\cdot\boldsymbol{X}$$

式(7.14) 所描述的两次行为等同于式(7.13) 所描述的一次行为。式(7.14) 的第一式所描述的变形对应于对称张量 $\boldsymbol{U}$。式(7.11) 的第一式表示任何均质变形可被分解为先按对称张量 $\boldsymbol{U}$ 变形，然后按张量 $\boldsymbol{R}$ 旋转。式(7.11) 的第二式表示任何均质变形可被分解为先按张量 $\boldsymbol{R}$ 旋转，然后按对称张量 $\boldsymbol{V}$ 变形。

若变形为非均质的，式(7.13) 可被下述关系替代：

$$\mathrm{d}\boldsymbol{x}=\boldsymbol{F}\cdot\mathrm{d}\boldsymbol{X}$$

式(7.11) 的分解依然有效，但是 $\boldsymbol{R}$，$\boldsymbol{U}$，$\boldsymbol{V}$ 依赖于位置。此情况分解方式如下：先由张量 $\boldsymbol{U}$ 表示局部变形，然后由张量 $\boldsymbol{R}$ 表示局部旋转；或者先由张量 $\boldsymbol{R}$ 表示局部旋转，然后由张量 $\boldsymbol{U}$ 表示局部变形。

张量 $\boldsymbol{R}$ 被称为旋转张量，张量 $\boldsymbol{U}$ 和 $\boldsymbol{V}$ 分别被称为右拉伸张量和左拉伸张量。张量 $\boldsymbol{U}$ 和 $\boldsymbol{V}$ 与变形张量 $\boldsymbol{C}$ 和 $\boldsymbol{B}$ 紧密相连。因张量 $\boldsymbol{U}$ 是对称的，由式(4.59) 和式(7.11) 可知

$$\boldsymbol{C}=\boldsymbol{F}^{\mathrm{T}}\cdot\boldsymbol{F}=\boldsymbol{U}\cdot\boldsymbol{R}^{\mathrm{T}}\cdot\boldsymbol{R}\cdot\boldsymbol{U}=\boldsymbol{U}^{2}\tag{7.15}$$

由式(4.65) 和式(7.11) 可知

$$\boldsymbol{B}=\boldsymbol{F}\cdot\boldsymbol{F}^{\mathrm{T}}=\boldsymbol{V}\cdot\boldsymbol{R}\cdot\boldsymbol{R}^{\mathrm{T}}\cdot\boldsymbol{V}=\boldsymbol{V}^{2}\tag{7.16}$$

因 $\boldsymbol{U}$ 是对称正定张量，式(7.15) 可将 $\boldsymbol{U}$ 的分量根据 $\boldsymbol{C}$ 写出。$\boldsymbol{U}$ 和 $\boldsymbol{C}$ 均可用于表示变形，二者是等效的，但 $\boldsymbol{U}$ 有一定的几何意义。

由式(4.94) 可知

$$\boldsymbol{F}=\boldsymbol{I}+\boldsymbol{E}+\boldsymbol{\Omega}\tag{7.17}$$

其中 $\boldsymbol{E}$ 为对称张量，$\boldsymbol{\Omega}$ 为反对称张量。针对微小变形及旋转，可忽略 $\boldsymbol{E}$ 和 $\boldsymbol{\Omega}$ 的平方项与乘积项，进而可得

$$\boldsymbol{U}^{2}=\boldsymbol{F}^{\mathrm{T}}\cdot\boldsymbol{F}=(\boldsymbol{I}+\boldsymbol{E}-\boldsymbol{\Omega})\cdot(\boldsymbol{I}+\boldsymbol{E}+\boldsymbol{\Omega})\approx\boldsymbol{I}+2\boldsymbol{E}$$

进行同阶近似可得

$$\boldsymbol{U} \approx \boldsymbol{I} + \boldsymbol{E} \tag{7.18}$$

类似地，$\boldsymbol{V} \approx \boldsymbol{I} + \boldsymbol{E}$。因此，针对微小变形，$\boldsymbol{U} - \boldsymbol{I}$ 和 $\boldsymbol{V} - \boldsymbol{I}$ 可简化为微小应变张量。由式(7.18) 可知

$$\boldsymbol{U}^{-1} \approx \boldsymbol{I} - \boldsymbol{E} \tag{7.19}$$

由式(7.11)、式(7.17) 和式(7.19) 进一步可得

$$\boldsymbol{R} = \boldsymbol{F} \cdot \boldsymbol{U}^{-1} \approx (\boldsymbol{I} + \boldsymbol{E} + \boldsymbol{\Omega}) \cdot (\boldsymbol{I} - \boldsymbol{E}) \approx \boldsymbol{I} + \boldsymbol{\Omega} \tag{7.20}$$

因此，针对微小变形，$\boldsymbol{R} - \boldsymbol{I}$ 可简化为微小旋转张量 $\boldsymbol{\Omega}$。

7.3 主伸长和变形主轴

假设变形梯度张量 $\boldsymbol{F}$ 被分解为 $\boldsymbol{R} \cdot \boldsymbol{U}$[参考式(7.11)]，张量 $\boldsymbol{R}$ 表示旋转，本节主要讨论对称张量 $\boldsymbol{U}$ 所描述的行为。

式(4.53) 描述了材料变形行为过程中的线单元方向的改变，针对 $\boldsymbol{U}$ 所描述的行为，该结果可写为

$$\boldsymbol{U} \cdot \boldsymbol{A} = \lambda \boldsymbol{a} \tag{7.21}$$

式中，$\boldsymbol{A}$ 和 $\boldsymbol{a}$ 分别表示线单元在进行 $\boldsymbol{U}$ 所描述的变形前后的单位向量，λ 为单元伸长量。

设想一个初始方向为 $\boldsymbol{A}$ 的特定线单元，仅发生伸长而无旋转，那么 $\boldsymbol{A}$ 与 $\boldsymbol{a}$ 相等，式(7.21) 变为

$$\boldsymbol{U} \cdot \boldsymbol{A} = \lambda \boldsymbol{A} \quad 或 \quad (\boldsymbol{U} - \lambda \boldsymbol{I}) \cdot \boldsymbol{A} = 0 \tag{7.22}$$

其中 λ 为张量 $\boldsymbol{U}$ 的特征值，$\boldsymbol{A}$ 为 $\boldsymbol{U}$ 的特征向量。因 $\boldsymbol{U}$ 是对称正定张量，其特征值为正实数，将其记为 λ_1，λ_2，λ_3，且 $\lambda_1 \geqslant \lambda_2 \geqslant \lambda_3$，称其为主伸长。又因 $\boldsymbol{U}$ 为对称张量，具有三个相互垂直的主方向，将其主方向单位向量记为 $\boldsymbol{A}_1$，$\boldsymbol{A}_2$，$\boldsymbol{A}_3$。如特征值 λ_1，λ_2，λ_3 不同，特征向量可被

唯一确定且这些向量可决定 $\boldsymbol{U}$ 的主轴。

若所取坐标轴与 $\boldsymbol{U}$ 的主轴重合，那么 $\boldsymbol{U}$ 的分量所构成的矩阵有如下形式：

$$(U_{RS})=\begin{pmatrix}\lambda_1 & 0 & 0\\ 0 & \lambda_2 & 0\\ 0 & 0 & \lambda_3\end{pmatrix}$$

因此，$\boldsymbol{U}$ 所描述的变形包含沿三个坐标轴的伸长，而无任何旋转。因此，$\boldsymbol{F}=\boldsymbol{R}\cdot\boldsymbol{U}$ 所描述的变形可分解为首先沿 $\boldsymbol{A}_1$，$\boldsymbol{A}_2$，$\boldsymbol{A}_3$ 方向分别伸长 λ_1，λ_2，λ_3，然后根据张量 $\boldsymbol{R}$ 旋转。

类似地，$\boldsymbol{F}=\boldsymbol{V}\cdot\boldsymbol{R}$ 所描述的变形可分解为首先根据张量 $\boldsymbol{R}$ 旋转，然后沿 $\boldsymbol{V}$ 的三个主方向分别产生三个大小为 $\boldsymbol{V}$ 的特征值的伸长量。然而 $\boldsymbol{U}$ 和 $\boldsymbol{V}$ 的特征值和主轴是相关联的。因有 $\boldsymbol{R}^{\mathrm{T}}\cdot\boldsymbol{R}=\boldsymbol{I}$，通过式(7.22)可知

$$\boldsymbol{R}\cdot(\boldsymbol{U}-\lambda\boldsymbol{I})\cdot\boldsymbol{R}^{\mathrm{T}}\cdot\boldsymbol{R}\cdot\boldsymbol{A}=\boldsymbol{0}$$

因有 $\boldsymbol{R}\cdot\boldsymbol{I}\cdot\boldsymbol{R}^{\mathrm{T}}=\boldsymbol{I}$，上式可表示为

$$(\boldsymbol{R}\cdot\boldsymbol{U}\cdot\boldsymbol{R}^{\mathrm{T}}-\lambda\boldsymbol{I})\cdot\boldsymbol{R}\cdot\boldsymbol{A}=\boldsymbol{0}$$

因此根据式(7.12)，有

$$(\boldsymbol{V}-\lambda\boldsymbol{I})\cdot\boldsymbol{R}\cdot\boldsymbol{A}=\boldsymbol{0} \tag{7.23}$$

可见，$\boldsymbol{U}$ 的主伸长 λ_1，λ_2，λ_3 也等于 $\boldsymbol{V}$ 的主伸长，若 $\boldsymbol{A}_1$，$\boldsymbol{A}_2$，$\boldsymbol{A}_3$ 为 $\boldsymbol{U}$ 的主方向，那么 $\boldsymbol{R}\cdot\boldsymbol{A}_1$，$\boldsymbol{R}\cdot\boldsymbol{A}_2$，$\boldsymbol{R}\cdot\boldsymbol{A}_3$ 则为 $\boldsymbol{V}$ 的主方向。$\boldsymbol{V}$ 的主方向实际上可由 $\boldsymbol{U}$ 的主方向根据张量 $\boldsymbol{R}$ 旋转得到。

若为均质变形，那么 $\boldsymbol{U}$，$\boldsymbol{V}$，$\boldsymbol{R}$ 为常量张量，主伸长和主方向在整个体域内是均匀的。若为非均质变形，那么主伸长 λ_1，λ_2，λ_3，向量 $\boldsymbol{A}_1$，$\boldsymbol{A}_2$，$\boldsymbol{A}_3$ 及旋转张量 $\boldsymbol{R}$ 均依赖于位置。

因为 $\boldsymbol{C}=\boldsymbol{U}^2$，且 $\boldsymbol{\gamma}=(\boldsymbol{C}-\boldsymbol{I})/2$，$\boldsymbol{C}$ 和 $\boldsymbol{\gamma}$ 的主方向与 $\boldsymbol{U}$ 的主方向重

合，它们的特征值分别为

$$\lambda_i^2 \quad 和 \quad \frac{1}{2}(\lambda_i^2-1) \quad (i=1,\ 2,\ 3)$$

类似地，**B** 和 **η** 的主方向与 **V** 的主方向重合，它们的特征值分别为

$$\lambda_i^2 \quad 和 \quad \frac{1}{2}(1-\lambda_i^{-2}) \quad (i=1,\ 2,\ 3)$$

对于给定的 **F**，相比于张量 **U** 和 **V**，张量 **C** 和 **B** 更易于计算，因此计算主伸长和主方向最简单的方法是计算 **C** 和 **B** 的特征值和特征向量。

主伸长量和变形张量的主方向还有另一理解思路。根据式(4.61)，

$$\lambda^2 = A_R A_S C_{RS} \tag{7.24}$$

对于给定的张量 **C**，式(7.24)可给出参考构型中每组方向余弦 A_S 对应的伸长率 λ。问题是伸长率的极值沿哪个方向 **A**，这可通过计算 $A_R A_S C_{RS}$ 在 $A_R A_R = 1$ 约束下的极值得到。这些极值由以下等式解答：

$$\frac{\partial}{\partial A_P}[A_R A_S C_{RS} - \mu^2(A_R A_R - 1)] = 0$$

其中 μ^2 是拉格朗日乘子。借助 $\partial A_R/\partial A_P = \delta_{RP}$ 和 $\partial A_S/\partial A_P = \delta_{SP}$ 可得

$$(C_{PR} - \mu^2 \delta_{PR}) A_R = 0 \tag{7.25}$$

因此，λ^2 取极值的方向 **A** 为 **C** 的主方向，对应的 λ^2 值分别为 **C** 的最大和最小特征值，如 λ_1^2 和 λ_3^2。对于张量 **B** 施以类似的过程，可得在其变形构型中 **B** 的两个主方向取极值的 λ_1^2 和 λ_3^2。

7.4 应变不变量

从 2.13 节和 7.3 节可知，主伸长 λ_1，λ_2，λ_3 为不变量，是变形的本征性质。因 λ_1，λ_2，λ_3 为 **U** 和 **V** 的特征值，λ_1，λ_2，λ_3 的三个对称的

函数可被选为$\boldsymbol{U}$和$\boldsymbol{V}$的基本不变量。然而由于λ_1^2，λ_2^2，λ_3^2是变形$\boldsymbol{B}$和$\boldsymbol{C}$的特征值，一般更倾向于用如下应变不变量I_1，I_2，I_3表示：

$$I_1=\lambda_1^2+\lambda_2^2+\lambda_3^2,\quad I_2=\lambda_2^2\lambda_3^2+\lambda_3^2\lambda_1^2+\lambda_1^2\lambda_2^2,\quad I_3=\lambda_1^2\lambda_2^2\lambda_3^2 \tag{7.26}$$

此过程的优势在于张量$\boldsymbol{C}$和$\boldsymbol{B}$较张量$\boldsymbol{U}$和$\boldsymbol{V}$更易于从变形梯度$\boldsymbol{F}$得到。式(7.26)中应变不变量的选择并不唯一，此处给出的是最简便的形式。

因为λ_1^2，λ_2^2，λ_3^2是$\boldsymbol{C}$和$\boldsymbol{B}$的特征值，据式(2.115)可得

$$\begin{aligned}
I_1&=\operatorname{tr}\boldsymbol{C}=\operatorname{tr}\boldsymbol{B}=C_{RR}=B_{ii},\\
I_2&=\frac{1}{2}[(\operatorname{tr}\boldsymbol{C})^2-\operatorname{tr}\boldsymbol{C}^2]=\frac{1}{2}[(\operatorname{tr}\boldsymbol{B})^2-\operatorname{tr}\boldsymbol{B}^2]\\
&=\frac{1}{2}(C_{RR}C_{SS}-C_{RS}C_{RS})=\frac{1}{2}(B_{ii}B_{jj}-B_{ij}B_{ij}),\\
I_3&=\det\boldsymbol{C}=\det\boldsymbol{B}
\end{aligned} \tag{7.27}$$

不变量I_3的另一表述为式(2.117)中$\boldsymbol{A}$替换为$\boldsymbol{C}$和$\boldsymbol{B}$。

由式(2.116)可知，针对$\boldsymbol{C}$和$\boldsymbol{B}$的Cayley-Hamilton定理可被写为

$$\begin{aligned}
&\boldsymbol{C}^3-I_1\boldsymbol{C}^2+I_2\boldsymbol{C}-I_3\boldsymbol{I}=\boldsymbol{0},\\
&\boldsymbol{B}^3-I_1\boldsymbol{B}^2+I_2\boldsymbol{B}-I_3\boldsymbol{I}=\boldsymbol{0}
\end{aligned} \tag{7.28}$$

$\boldsymbol{C}^{-1}$和$\boldsymbol{B}^{-1}$的特征值为λ_1^{-2}，λ_2^{-2}，λ_3^{-2}，因此

$$\begin{aligned}
\operatorname{tr}\boldsymbol{C}^{-1}=\operatorname{tr}\boldsymbol{B}^{-1}&=\lambda_1^{-2}+\lambda_2^{-2}+\lambda_3^{-2}\\
&=\lambda_1^{-2}\lambda_2^{-2}\lambda_3^{-2}(\lambda_2^2\lambda_3^2+\lambda_3^2\lambda_1^2+\lambda_1^2\lambda_2^2)=I_2I_3^{-1}
\end{aligned}$$

进一步可得I_2的另一表达式：

$$I_2=I_3\operatorname{tr}\boldsymbol{C}^{-1}=I_3\operatorname{tr}\boldsymbol{B}^{-1} \tag{7.29}$$

由式(5.8)可知

$$I_3=\det\boldsymbol{C}=\det(\boldsymbol{F}^{\mathrm{T}}\boldsymbol{F})=(\det\boldsymbol{F})^2=\left(\frac{\mathrm{d}v}{\mathrm{d}V}\right)^2=\left(\frac{\rho_0}{\rho}\right)^2 \tag{7.30}$$

若材料不可压缩，则 $\det \boldsymbol{F}=1$，因此有 $I_3=1$。故对于任何不可压缩材料的变形有 $\lambda_1\lambda_2\lambda_3=1$。

7.5 应力的其他表述

3.2 节定义了 Cauchy 应力张量 $\boldsymbol{T}$ 的分量 T_{ij} 为当前构型中法向量为 x_i 方向代表的面单元上沿 x_j 方向的面力。但一些情况下，在参考构型中定义或测量应力将更为方便。

考虑材料在参考构型中一个垂直于 X_R 轴的面单元，其面积为 ΔS，参考构型中单位法向量为 $\boldsymbol{e}_R$。经过式(4.2) 所描述的变形，该面积元的面积变为 Δs，单位法向量为 $\boldsymbol{n}_R$，从式(7.9) 可知

$$\boldsymbol{n}_R=(\det \boldsymbol{F})\frac{\mathrm{d}S}{\mathrm{d}s}\boldsymbol{e}_R\cdot\boldsymbol{F}^{-1} \tag{7.31}$$

变形的表面上所受力为 $\boldsymbol{\pi}_R\Delta S$，向量 $\boldsymbol{\pi}_R$ 可由分量 Π_{Ri} 表示：

$$\boldsymbol{\pi}_R=\Pi_{Ri}\boldsymbol{e}_i \tag{7.32}$$

式中，Π_{Ri} 代表参考构型中垂直于 X_R 轴的表面上沿 x_i 向的分力，即单位参考构型面积所受的力。

为联系 Π_{Ri} 和 T_{ij}，我们注意到变形后面单元上的力为 $\boldsymbol{n}_R\cdot\boldsymbol{T}\Delta s$，因此，由式(7.31) 和式(7.32) 可知

$$\Pi_{Ri}\boldsymbol{e}_i\Delta S=(\det \boldsymbol{F})\frac{\mathrm{d}S}{\mathrm{d}s}\boldsymbol{e}_R\cdot\boldsymbol{F}^{-1}\cdot\boldsymbol{T}\Delta s \tag{7.33}$$

因此，使式(7.33) 两边的分量分别相等，并取面积极限 $\Delta S\to 0$，可得

$$\Pi_{Ri}=(\det \boldsymbol{F})F_{Rj}^{-1}T_{ij} \tag{7.34}$$

可见，Π_{Ri} 为二阶张量 $\boldsymbol{\Pi}$ 的分量形式，即

$$\boldsymbol{\Pi}=(\det \boldsymbol{F})\boldsymbol{F}^{-1}\cdot\boldsymbol{T} \tag{7.35}$$

反之，

$$\boldsymbol{T}=(\det \boldsymbol{F})^{-1}\boldsymbol{F}\cdot\boldsymbol{\Pi} \tag{7.36}$$

张量 $\boldsymbol{\Pi}$ 为不对称张量，称之为名义应力，也常被定义为第一类 Piola - Kirchhoff（P - K）应力张量，有些作者也将其写为 $\boldsymbol{\Pi}^{\mathrm{T}}$。

考虑四面体单元的平衡，其参考构型的三个面与坐标轴垂直，可证明参考构型中单位法向量为 $\boldsymbol{N}$ 的面上受表面力 $\boldsymbol{t}^{(\boldsymbol{N})}$（参考构型中单位面积的力）由下式表示：

$$\boldsymbol{t}^{(\boldsymbol{N})}=\boldsymbol{N}\cdot\boldsymbol{\Pi} \tag{7.37}$$

考虑参考构型体内任一区域的面力和体力的合力，运动方程可表示为

$$\frac{\partial \Pi_{Ri}}{\partial X_R}+\rho_0 b_i=\rho_0 f_i \tag{7.38}$$

第二类 Piola - Kirchhoff 应力张量 $\boldsymbol{P}$ 定义为

$$\boldsymbol{P}=\boldsymbol{\Pi}\cdot(\boldsymbol{F}^{-1})^{\mathrm{T}}=(\det \boldsymbol{F})\boldsymbol{F}^{-1}\cdot\boldsymbol{T}\cdot(\boldsymbol{F}^{-1})^{\mathrm{T}} \tag{7.39}$$

因此，

$$\boldsymbol{\Pi}=\boldsymbol{P}\cdot\boldsymbol{F}^{\mathrm{T}},\qquad \boldsymbol{T}=(\det \boldsymbol{F})^{-1}\boldsymbol{F}\cdot\boldsymbol{P}\cdot\boldsymbol{F}^{\mathrm{T}} \tag{7.40}$$

张量 $\boldsymbol{P}$ 是对称的，但没有任何特殊物理意义。

在当前构型中的面力不能由 $\boldsymbol{\Pi}$ 和 $\boldsymbol{P}$ 直接求得，除非变形梯度 $\boldsymbol{F}$ 也已给出。当位移梯度为微小量时，第一、第二类 P-K 应力 $\boldsymbol{\Pi}$ 和 $\boldsymbol{P}$ 可简化为 Cauchy 应力 $\boldsymbol{T}$。

7.6　非线性本构关系

第 6 章讨论了连续介质力学中的线弹性理论。控制方程的线性化对于边值问题的求解具有极大的便利性，因此线弹性连续介质力学理论被广泛应用于很多问题。有很多材料可以用线性本构关系进行描述，然而也还有一部分材料的力学行为显示了强烈的非线性特征，所以提出相应的非线性本构关系式对其力学行为进行描述十分必要。

6.3 节所提线弹性理论对很多问题行之有效，然而该理论仅适用于小变形及小变形梯度问题，存在一定的局限性。例如，研究发现线弹性理论不能准确地描述承受大变形的橡胶材料，仅能按照 6.3 节所讨论的近似描述。要想准确地描述橡胶类材料的力学行为，则需建立有限变形理论。

应变能函数 $W=\rho_0 e$ 依赖于变形并且具有 6.3 节中线弹性材料性质 (b) 的特征。式(6.12) 在有限变形理论中依然有效，然而不能继续延用微小应变的二次函数计算应变能。此情形下假设应变能以任何方式依赖于变形梯度 $\boldsymbol{F}$，因此，式(6.7) 可用更一般的关系替代：

$$W=W(F_{iR})=W(\boldsymbol{F}) \tag{7.41}$$

由式(4.108)、式(6.12) 和式(7.41) 可给出

$$T_{ij}\frac{\partial v_i}{\partial x_j}=\frac{\rho}{\rho_0}\frac{\mathrm{D}W}{\mathrm{D}t}=\frac{\rho}{\rho_0}\frac{\partial W}{\partial F_{iR}}\frac{\mathrm{D}F_{iR}}{\mathrm{D}t}=\frac{\rho}{\rho_0}\frac{\partial W}{\partial F_{iR}}\frac{\partial x_j}{\partial X_R}\frac{\partial v_i}{\partial x_j}$$

上述关系对所有的 $\partial v_i/\partial x_j$ 均有效，因此

$$T_{ij}=\frac{\rho}{\rho_0}\frac{\partial x_j}{\partial X_R}\frac{\partial W}{\partial F_{iR}}=\frac{\rho}{\rho_0}F_{jR}\frac{\partial W}{\partial F_{iR}} \tag{7.42}$$

式(7.42) 是有限变形本构方程的一种描述形式，显然此式不易于使用。因为要将 W 表示为变形梯度张量的 9 个分量 F_{iR} 的函数，这显然很难通过实验获得足够信息。

应变能函数值在变形后施加的刚体旋转行为中保持不变。设初始位置为 $\boldsymbol{X}$ 的质点，运动后来到 $\boldsymbol{x}$ 位置。再次对原始位置为 $\boldsymbol{X}$ 的质点施加刚体旋转运动来到 $\bar{\boldsymbol{x}}=\boldsymbol{M}\cdot\boldsymbol{x}$，其中 $\boldsymbol{M}$ 为正常正交张量，变形梯度张量的分量分别为

$$F_{iR}=\frac{\partial x_i}{\partial X_R},\qquad \bar{F}_{iR}=\frac{\partial \bar{x}_i}{\partial X_R}$$

则

$$\bar{F}_{iR}=M_{ij}\frac{\partial x_j}{\partial X_R}=M_{ij}F_{jR}\quad 或\quad \bar{\boldsymbol{F}}=\boldsymbol{M}\cdot\boldsymbol{F} \tag{7.43}$$

然后对所有正常正交张量要求有如下关系：

$$W(\boldsymbol{F})=W(\boldsymbol{M}\cdot\boldsymbol{F}) \tag{7.44}$$

式(7.44)给出了应变能依赖于变形梯度张量 $\boldsymbol{F}$ 的约束。为了使上述约束更加明确，对式(7.44)进行极分解：

$$W(\boldsymbol{F})=W(\boldsymbol{M}\cdot\boldsymbol{R}\cdot\boldsymbol{U})$$

上述关系适用于所有正常正交张量 $\boldsymbol{M}$，特别地，对 $\boldsymbol{M}=\boldsymbol{R}^{\mathrm{T}}$ 成立，因此

$$W(\boldsymbol{F})=W(\boldsymbol{U})$$

由此可见，W 可被表示为对称张量 $\boldsymbol{U}$ 的6个分量的函数形式。由7.2节可知张量 $\boldsymbol{U}$ 和 $\boldsymbol{C}$ 的关系，故 W 也可表示为 $\boldsymbol{C}$ 的分量 C_{RS} 的函数形式

$$W=W(\boldsymbol{C})=W(C_{RS}) \tag{7.45}$$

与式(7.41)不同，张量 $\boldsymbol{C}$ 在叠加的刚体运动中保持不变，且式(7.45)足以保证应变能在叠加刚体运动后保持不变，因此其无须再作进一步的简化。

根据式(7.45)，有如下关系：

$$\begin{aligned}\frac{\mathrm{D}W}{\mathrm{D}t}&=\frac{\partial W}{\partial C_{RS}}\frac{\mathrm{D}C_{RS}}{\mathrm{D}t}=\frac{\partial W}{\partial C_{RS}}\frac{\mathrm{D}}{\mathrm{D}t}\left(\frac{\partial x_i}{\partial X_R}\frac{\partial x_i}{\partial X_S}\right)\\&=\frac{\partial W}{\partial C_{RS}}\left(\frac{\partial v_i}{\partial X_R}\frac{\partial x_i}{\partial X_S}+\frac{\partial x_i}{\partial X_R}\frac{\partial v_i}{\partial X_S}\right)\end{aligned}$$

通过互换上式中右边任一项的下标 R 和 S 可得

$$\begin{aligned}\frac{\mathrm{D}W}{\mathrm{D}t}&=\left(\frac{\partial W}{\partial C_{RS}}+\frac{\partial W}{\partial C_{SR}}\right)\frac{\partial x_i}{\partial X_R}\frac{\partial v_i}{\partial X_S}\\&=\left(\frac{\partial W}{\partial C_{RS}}+\frac{\partial W}{\partial C_{SR}}\right)\frac{\partial x_i}{\partial X_R}\frac{\partial x_j}{\partial X_S}\frac{\partial v_i}{\partial x_j}\end{aligned} \tag{7.46}$$

由式(7.46)可看出，应变能 W 为 C_{RS} 和 C_{SR} 的对称函数。因 $\partial v_i/\partial x_j$ 任

意，由式(6.12) 和式(7.46) 可给出

$$T_{ij}=\frac{\rho}{\rho_0}\frac{\partial x_i}{\partial X_R}\frac{\partial x_j}{\partial X_S}\left(\frac{\partial W}{\partial C_{RS}}+\frac{\partial W}{\partial C_{SR}}\right) \tag{7.47}$$

上式为有限弹性变形固体需遵循的一般性本构关系式。

注意到本构关系式(7.42) 和式(7.47)，若由名义应力或P-K应力张量表示可有更简洁的形式。因 $\rho_0/\rho=\det \boldsymbol{F}$，式(7.35) 和式(7.42) 可写为

$$\Pi_{Ri}=\partial W/\partial F_{iR}$$

式(7.39) 和式(7.47) 可写为

$$P_{RS}=\frac{\partial W}{\partial C_{RS}}+\frac{\partial W}{\partial C_{SR}}$$

材料所具备的对称性将影响应变能 W 对张量 $\boldsymbol{C}$ 的依赖性。举例说明，由正常正交张量 $\boldsymbol{Q}$ 给出的旋转对称，式(6.1) 表示的变形由式(6.2) 表示的变形代替，即用 $\boldsymbol{Q}^{\mathrm{T}}\cdot\boldsymbol{F}\cdot\boldsymbol{Q}$ 代替 $\boldsymbol{F}$，用 $\boldsymbol{Q}^{\mathrm{T}}\cdot\boldsymbol{C}\cdot\boldsymbol{Q}$ 代替 $\boldsymbol{C}$。若其中 $\boldsymbol{Q}$ 定义为旋转对称张量，这一替换不改变 W。因此对于任意旋转对称张量 $\boldsymbol{Q}$ 均有

$$W(\boldsymbol{C})=W(\boldsymbol{Q}^{\mathrm{T}}\cdot\boldsymbol{C}\cdot\boldsymbol{Q}) \tag{7.48}$$

类似地，若 $\boldsymbol{R}$ 定义为镜面对称，那么

$$W(\boldsymbol{C})=W(\boldsymbol{R}^{\mathrm{T}}\cdot\boldsymbol{C}\cdot\boldsymbol{R}) \tag{7.49}$$

若材料为各向同性，式(7.48) 对所有旋转张量 $\boldsymbol{Q}$ 成立，因此可理解为 W 作为 C_{RS} 的函数在任何坐标系下保持同样的形式，故 W 也是张量 $\boldsymbol{C}$ 的不变量。三个独立的 $\boldsymbol{C}$ 的不变量为式(7.26) 或式(7.27) 所给出的应变不变量 I_1，I_2，I_3，可证明任何 $\boldsymbol{C}$ 的不变量均可表达成 I_1，I_2，I_3 的函数。因此针对各向同性材料，W 可写成如下形式：

$$W = W(I_1, I_2, I_3) \tag{7.50}$$

注意式(7.50)与式(7.41)、式(7.45)不同。可验证若W有式(7.50)的形式，其也能满足镜面对称式(7.49)所表达的关系。

若W具有式(7.50)的形式，那么有

$$\frac{\partial W}{\partial C_{RS}} = \frac{\partial W}{\partial I_1}\frac{\partial I_1}{\partial C_{RS}} + \frac{\partial W}{\partial I_2}\frac{\partial I_2}{\partial C_{RS}} + \frac{\partial W}{\partial I_3}\frac{\partial I_3}{\partial C_{RS}} \tag{7.51}$$

由式(7.27)可知

$$\begin{aligned}
\frac{\partial I_1}{\partial C_{RS}} &= \frac{\partial C_{PP}}{\partial C_{RS}} = \delta_{PR}\delta_{PS} = \delta_{RS}, \\
\frac{\partial I_2}{\partial C_{RS}} &= \frac{1}{2}\frac{\partial}{\partial C_{RS}}(C_{PP}C_{QQ} - C_{PQ}C_{PQ}) \\
&= \frac{1}{2}(\delta_{PR}\delta_{PS}C_{QQ} + C_{PP}\delta_{RQ}\delta_{SQ} - 2C_{PQ}\delta_{PR}\delta_{QS}) \\
&= I_1\delta_{RS} - C_{RS}
\end{aligned} \tag{7.52}$$

由式(7.28)的迹极易求得 $\partial I_3/\partial C_{RS}$。首先，

$$I_3 = \frac{1}{3}(\mathrm{tr}\,\boldsymbol{C}^3 - I_1\mathrm{tr}\,\boldsymbol{C}^2 + I_2\mathrm{tr}\,\boldsymbol{C}) \tag{7.53}$$

因此，

$$\frac{\partial I_3}{\partial C_{RS}} = I_2\delta_{RS} - I_1C_{RS} + C_{RP}C_{SP} \tag{7.54}$$

进一步将式(7.51)、式(7.52)和式(7.54)代入式(7.47)中，有

$$\begin{aligned}
T_{ij} = 2\frac{\rho}{\rho_0}\frac{\partial x_i}{\partial X_R}\frac{\partial x_j}{\partial X_S} \times \Bigg[&\left(\frac{\partial W}{\partial I_1} + I_1\frac{\partial W}{\partial I_2} + I_2\frac{\partial W}{\partial I_3}\right)\delta_{RS} \\
&- \left(\frac{\partial W}{\partial I_2} + I_1\frac{\partial W}{\partial I_3}\right)C_{RS} + \frac{\partial W}{\partial I_3}C_{RP}C_{SP}\Bigg]
\end{aligned}$$

上式为各向同性有限变形体的本构关系，其张量表达形式为

$$\boldsymbol{T}=2(I_3)^{-1}\boldsymbol{F}\cdot[(W_1+I_1W_2+I_2W_3)\boldsymbol{I}-(W_2+I_1W_3)\boldsymbol{C}+W_3\boldsymbol{C}^2]\cdot\boldsymbol{F}^{\mathrm{T}} \tag{7.55}$$

上式利用了 $I_3=(\rho_0/\rho)^2$，其中

$$W_1=\frac{\partial W}{\partial I_1},\quad W_2=\frac{\partial W}{\partial I_2},\quad W_3=\frac{\partial W}{\partial I_3}$$

根据式(4.59) 和式(4.65)，有

$$\boldsymbol{F}\cdot\boldsymbol{F}^{\mathrm{T}}=\boldsymbol{B},\quad \boldsymbol{F}\cdot\boldsymbol{C}\cdot\boldsymbol{F}^{\mathrm{T}}=\boldsymbol{B}^2,\quad \boldsymbol{F}\cdot\boldsymbol{C}^2\cdot\boldsymbol{F}^{\mathrm{T}}=\boldsymbol{B}^3$$

式(7.55) 可进一步简化为

$$\boldsymbol{T}=2(I_3)^{-1}[(W_1+I_1W_2+I_2W_3)\boldsymbol{B}-(W_2+I_1W_3)\boldsymbol{B}^2+W_3\boldsymbol{B}^3]$$

利用式(7.28) 消除 $\boldsymbol{B}^3$，得

$$\boldsymbol{T}=2(I_3)^{-1}[I_3W_3\boldsymbol{I}+(W_1+I_1W_2)\boldsymbol{B}-W_2\boldsymbol{B}^2] \tag{7.56}$$

对式(7.28) 第二式乘 $\boldsymbol{B}^{-1}$，得

$$\boldsymbol{B}^2-I_1\boldsymbol{B}+I_2\boldsymbol{I}-I_3\boldsymbol{B}^{-1}=\boldsymbol{0}$$

利用 $\boldsymbol{B}^{-1}$，将 $\boldsymbol{B}^2$ 从式(7.56) 中移除，得

$$\boldsymbol{T}=2(I_3)^{-1}[(I_2W_2+I_3W_3)\boldsymbol{I}+W_1\boldsymbol{B}-I_3W_2\boldsymbol{B}^{-1}] \tag{7.57}$$

实际上，式(7.56) 和式(7.57) 是各向同性弹性体最实用的本构关系。

习　题

7.1　试确定由

$$x_1=\frac{a(X_1^2-X_2^2)}{(X_1^2+X_2^2)},\quad x_2=\frac{2aX_1X_2}{(X_1^2+X_2^2)},\quad x_3=bX_3$$

给定变形的 C_{RS}，其中 a 和 b 是常数，并找出 $\boldsymbol{C}$ 的主轴及主轴伸长。

7.2　对于定义的变形

$$X_1 = \frac{1}{2}A(x_1^2 + x_2^2), \quad X_2 = \lambda A^{-1}\arctan(x_2/x_1), \quad X_3 = \lambda^{-1}x_3$$

其中 A 和 λ 为常数，求 B_{ij}^{-1}。证明主轴伸长的平方分别为 λ^2 及二次方程

$$\mu^2\lambda^2 - \mu(A^2r^2 + \lambda^2A^{-2}r^{-2}) + 1 = 0$$

的根，其中 $r^2 = x_1^2 + x_2^2$，并证明 $\det \boldsymbol{B}^{-1} = 1$。

7.3　对于均匀变形

$$x_1 = \alpha X_1 + \beta X_2, \quad x_2 = -\alpha X_1 + \beta X_2, \quad x_3 = \mu X_3$$

式中，α，β 和 μ 是常数。确定 $\boldsymbol{C}$ 的分量 C_{RS} 和主轴伸长，并求由极分解 $\boldsymbol{F} = \boldsymbol{R}\cdot\boldsymbol{U}$ 确定的 $\boldsymbol{R}$ 和 $\boldsymbol{U}$。

7.4　对于流体运动，在 $t=0$ 时刻位于(X_1, X_2, X_3)的物质点将会在 $t=\tau$ 时运动到$(x_1(\tau), x_2(\tau), x_3(\tau))$，且

$$x_1(\tau) = X_1 + \alpha\tau X_2 + \alpha\beta\tau^2X_3, \quad x_2 = X_2 + 2\beta\tau X_3, \quad x_3(\tau) = X_3$$

式中，α 和 β 是常数。根据时间点 t 时物质点的坐标 x_i 求得 $x_i(\tau)$ 的表达式，并确定张量 $\boldsymbol{C}(\tau)$，其中 $\boldsymbol{C}(\tau)$ 的定义为

$$C_{ij}(\tau) = \frac{\partial x_k(\tau)}{\partial x_i}\frac{\partial x_k(\tau)}{\partial x_j}$$

并说明将 $\boldsymbol{C}(\tau)$ 展开为幂级数，并取 $s = t - \tau$，可得所有 n 值对应的 Rivlin－Ericksen 张量 $\boldsymbol{A}^{(n)}(t)$，其中

$$\boldsymbol{A}(t) = (\mathrm{d}^n\boldsymbol{C}(\tau)/\mathrm{d}\tau^n)_{t=\tau}$$

7.5　Rivlin－Ericksen 张量 $\boldsymbol{A}^{(n)}$ 满足以下关系：

$$A_{ij}^{(0)} = \delta_{ij}, \quad A_{ij}^{(1)} = 2D_{ij}, \quad A_{ij}^{(n+1)} = \frac{\mathrm{D}}{\mathrm{D}t}A_{ij}^{(n)} + A_{ik}^{(n)}\frac{\partial v_k}{\partial x_i} + A_{kj}^{(n)}\frac{\partial v_k}{\partial x_j}$$

试求在 $v_1=v(x_2)$，$v_2=0$，$v_3=0$ 时这些张量的值，并证明当 $n\geqslant 3$ 时 $A_{ij}^{(n)}=0$。

7.6 不可压缩各向同性弹性单元体($0\leqslant X_1\leqslant 1$，$0\leqslant X_2\leqslant 1$，$0\leqslant X_3\leqslant 1$) 经过以下变形

$$x_1=\lambda X_1+\alpha X_2,\quad x_2=\lambda^{-1}X_2,\quad x_3=X_3$$

其中 λ 和 α 是常数。

(1) 绘制变形立方体，注意其边缘的长度；

(2) 求出应力，并证明存在 p，使得没有力作用于表面 $X_3=0$ 和 $X_3=1$；

(3) 求出初始施加在面 $X_2=1$ 上保持变形的力；

(4) 确定变形构造中面 $X_1=1$ 的法线，并求出保持该面变形的牵引力。

7.7 不可压缩各向同性弹性单元体经过以下变形

$$x_1=\lambda X_1,\quad x_2=\lambda^{-1}X_2,\quad x_3=X_3$$

其中 λ 是常数。应变能函数为

$$W=C_1(I_1-3)+C_1(I_2-3)$$

其中 C_1 和 C_2 是常数。

(1) 绘制变形立方体，注意其边缘的长度；

(2) 求解应力，并确定作用在垂直于 X_1，X_2，X_3 方向的三个面的总载荷 F_1，F_2，F_3；

(3) 证明当 $C_1>3C_2>0$ 时，λ 存在三个值使物体保持平衡状态 $F_1=F_2=F_3$，并求解 λ 的三个值。

7.8 证明弹性体的本构方程可表示为

$$T_{ij}=\frac{1}{2}\frac{\rho}{\rho_0}\frac{\partial x_i}{\partial X_R}\frac{\partial x_j}{\partial X_S}\left(\frac{\partial \boldsymbol{W}}{\partial \gamma_{RS}}+\frac{\partial \boldsymbol{W}}{\partial \gamma_{SR}}\right)$$

7.9　对于特定的横观各向同性弹性体，其最佳方向为 X_1 轴，W 的形式为

$$W=\alpha C_{PP}C_{QQ}+\beta C_{PQ}C_{PQ}+\gamma C_{11}^2+\delta(C_{12}^2+\gamma C_{13}^2)$$

其中 α，β，δ 和 γ 是常数。求出 T 的本构方程，并求解该材料在均匀膨胀下的应力

$$x_1=\lambda X_1,\quad x_2=\lambda X_2,\quad x_3=\lambda X_3$$

7.10　假设一固体中的应力由以下形式的关系给出：

$$\boldsymbol{T}=\boldsymbol{\chi}(\boldsymbol{F})$$

(1) 证明如果应力与变形体的旋转无关，则对于所有适当的正交张量 $\boldsymbol{M}$，$\boldsymbol{\chi}$ 必须满足关系式

$$\boldsymbol{\chi}(\boldsymbol{M}\cdot\boldsymbol{F})=\boldsymbol{M}\cdot\boldsymbol{\chi}(\boldsymbol{F})\cdot\boldsymbol{M}^{\mathrm{T}}$$

(2) 验证(1) 中关系式的充分条件是 $\boldsymbol{\chi}$ 满足关系式

$$\boldsymbol{\chi}=\boldsymbol{F}\cdot\boldsymbol{\psi}(\boldsymbol{C})\cdot\boldsymbol{F}^{\mathrm{T}}$$

7.11　对于不可压缩的各向同性线性弹性，证明可以将本构方程

$$\boldsymbol{T}=-p\boldsymbol{I}+2\mu\boldsymbol{E}$$

推导为方程式

$$\boldsymbol{T}=-p\boldsymbol{I}+2(W_1+I_1W_2)\boldsymbol{B}-2W_2\boldsymbol{B}^2$$

及

$$\boldsymbol{T}=-p\boldsymbol{I}+2W_1\boldsymbol{B}-2W_2\boldsymbol{B}^{-1}$$

(对于不可压缩的各向同性线性弹性和小位移梯度，可使用一阶近似值。)

7.12　证明：对于应力分量是 D_{ij} 的二次函数，最通用的不可压缩的 Reiner－Rivlin 流体

$$T=-pI+\alpha D+\beta D^2$$

有本构方程

$$T=-pI+\alpha_0 D+\beta_0 D^2$$

其中 α_0 和 β_0 是常数。

7.13　证明速度场 $v_1=v(x_2)$，$v_2=0$，$v_3=0$ 对于任意不可压缩的 Reiner－Rivlin 流体是一种可能的流动形式。如果流动发生在 $x_2=\pm d$ 处的两无限平行板，试确定要保持该流动所需的压力梯度以及每个板单元上的切向力。

7.14　Reiner－Rivlin 流体的应力由

$$T=-pI+\mu(1+\alpha\operatorname{tr}D^2)D+\beta D^2$$

给出，其中α，β和μ 为常数。试确定流体在速度场 $v_1=-x_2\omega(x_3)$，$v_2=x_1\omega(x_3)$，$v_3=0$ 下的应力。证明若 $\omega=Ax_3+B$，其中 A 和 B 为常数，运动方程仅当 $A=0$ 或加速度可以忽略时成立。在后一种情况时，上述流体在 $x_3=0$ 和 $x_3=h$ 两平行板间流动，前板处于静止，后板绕 x_3 以角速率 Ω 转动，求 A 和 B 的值。

7.15　一些黏性流体通常遵循本构方程

$$T_{ij}=-p\delta_{ij}+2\mu(K_2)D_{ij}$$

其中 $K_2=2D_{ij}D_{ij}$，$\mu(K_2)=kK_2^{(n-1)/2}$，k 和 n 为正常数($n=1$ 时对应牛顿流体)。这种符合幂函数规律的流体在两个大的平板之间间隔 h 的距离进行简单的剪切流动，可使一个板保持静止，另一个板在其平面内以恒定速率 U 移动。求板上单位面积的剪切力以及表观黏度 μ 关于剪切比 U/h 的函数。

7.16　本构方程

$$T=-pI+2\mu_0(2\operatorname{tr}D^2)^{\alpha}D$$

其中 μ_0 和 α 为常数，可以描述 Reiner－Rivlin 流体。证明如果 $p=p_0+$

kx_1，其中 p_0 和 k 为常数，上述流体可承受恒定的直线剪切流

$$v_1=v(x_2),\quad v_2=0,\quad v_3=0$$

7.17　特定的不可压缩非牛顿流体由

$$\boldsymbol{T}=-p\boldsymbol{I}+\mu\int_0^{\infty}\mathrm{e}^{(-ks)(\boldsymbol{C}(\tau)-\boldsymbol{I})}\mathrm{d}s$$

给出，其中 $s=t-\tau$。试确定流体位移场

$$x_1(\tau)=x_1-f(x_2)(\cos\omega t-\cos\omega\tau)-g(x)(\sin\omega t-\sin\omega\tau),$$

$$x_2(\tau)=x_2,\quad x_3(\tau)=x_3$$

中的应力，若 $\mathrm{d}f/\mathrm{d}x_2$ 和 $\mathrm{d}g/\mathrm{d}x_2$ 足够小，它们的平方可被忽略。

第8章　热　弹　性

一般无任何约束的固体材料受热(或冷却)时会发生膨胀(或收缩)变形。而针对受约束固体，受热时固体内将形成相对复杂的应力场分布，这种由于热量变化导致的应力常对材料的整体或者局部的力学行为及变形行为产生显著影响。本章将简要讨论热应力相关问题的一般性力学本构理论框架，为简便起见本章仅考虑线弹性变形即线性热弹性问题。

8.1　基础变量定义

定义如下动理学基本关系：

$$
\begin{aligned}
&\boldsymbol{F}=\boldsymbol{R}\cdot\boldsymbol{U},\\
&\boldsymbol{C}=\boldsymbol{U}^2=\boldsymbol{F}^{\mathrm{T}}\cdot\boldsymbol{F},\\
&\boldsymbol{\gamma}=\frac{1}{2}(\boldsymbol{C}-\boldsymbol{I})
\end{aligned}
\tag{8.1}
$$

如7.2节所述，式(8.1)第一式为变形梯度张量的右极分解形式，$\boldsymbol{R}$ 为旋转正交张量，$\boldsymbol{U}$ 为右拉伸张量，$\boldsymbol{C}$ 为右 Cauchy - Green 张量，$\boldsymbol{\gamma}$ 为 Green - Lagrange 应变张量。

此处仍采用参考构型进行描述，通过能量守恒、动量守恒和热力学基本定律可得如下关系：

$$\begin{gathered}\rho_R \ddot{\boldsymbol{x}} = \mathrm{Div}\,\boldsymbol{\Pi} + \boldsymbol{b}_{0R},\\ \boldsymbol{\Pi} \cdot \boldsymbol{F}^{\mathrm{T}} = \boldsymbol{F} \cdot \boldsymbol{\Pi}^{\mathrm{T}},\\ \dot{\varepsilon} = \boldsymbol{\Pi} : \dot{\boldsymbol{F}} - \mathrm{Div}\,\boldsymbol{q}_R + w_R,\\ \dot{\psi}_R + \eta_R \dot{\theta} - \boldsymbol{\Pi}_R : \dot{\boldsymbol{F}} + \frac{1}{\theta}\boldsymbol{q}_R \cdot \nabla\theta = -\theta\Gamma_R \leqslant 0\end{gathered} \tag{8.2}$$

式中，$\boldsymbol{\Pi}$ 为第一类 P－K 应力张量，$\boldsymbol{q}_R$ 为热流密度，θ 为温度，$\psi_R = \varepsilon_R - \theta\eta_R$ 为自由能，ρ_R，$\boldsymbol{b}_{0R}$，ε_R，w_R，η_R 和 Γ_R 分别表示质量密度、体力、内能、热源、熵及热量耗散。第一类 P－K 应力张量 $\boldsymbol{\Pi}$ 与 Cauchy 应力张量 $\boldsymbol{T}$、第二类 P－K 应力张量 $\boldsymbol{P}$ 的关系如下：

$$\boldsymbol{\Pi} = J\boldsymbol{T} \cdot (\boldsymbol{F}^{-1})^{\mathrm{T}} = \boldsymbol{F} \cdot \boldsymbol{P} \tag{8.3}$$

用第一、第二类 P－K 应力张量表示的功率为

$$\boldsymbol{\Pi} : \dot{\boldsymbol{F}} = \frac{1}{2}\boldsymbol{P} : \dot{\boldsymbol{C}} \tag{8.4}$$

式(8.2)第四式即自由能不等式可进一步表示为

$$\dot{\psi}_R + \eta_R \dot{\theta} - \frac{1}{2}\boldsymbol{P} : \dot{\boldsymbol{C}} + \frac{1}{\theta}\boldsymbol{q}_R \cdot \nabla\theta = -\theta\Gamma_R \leqslant 0 \tag{8.5}$$

参考构型下热通量 $\boldsymbol{q}_R$ 与温度梯度 $\nabla\theta$ 可通过下述关系转换至当前构型描述：

$$\begin{gathered}\boldsymbol{q}_R = J\boldsymbol{F}^{-1} \cdot \boldsymbol{q},\\ \nabla\theta = \boldsymbol{F}^{\mathrm{T}}\mathrm{grad}\,\theta\end{gathered} \tag{8.6}$$

故上述关系中的基本量可作如下形式描述：

$$\begin{gathered}\psi_R = \hat{\psi}_R(\boldsymbol{F}, \theta, \nabla\theta),\\ \boldsymbol{\Pi} = \hat{\boldsymbol{\Pi}}(\boldsymbol{F}, \theta, \nabla\theta),\\ \eta_R = \hat{\eta}_R(\boldsymbol{F}, \theta, \nabla\theta),\\ \boldsymbol{q}_R = \hat{\boldsymbol{q}}_R(\boldsymbol{F}, \theta, \nabla\theta)\end{gathered} \tag{8.7}$$

由于物质具有标架无差异性，针对任意旋转张量 $\boldsymbol{Q}$ 及变形梯度张量 $\boldsymbol{F}$ 有如下关系：

$$\boldsymbol{F}^* = \boldsymbol{Q}\cdot\boldsymbol{F} \quad 和 \quad \boldsymbol{\Pi}^* = \boldsymbol{Q}\cdot\boldsymbol{\Pi}$$

且热通量 $\boldsymbol{q}_R$ 与温度梯度 $\nabla\theta$ 为不变量，

$$\boldsymbol{q}_R^* = \boldsymbol{q}_R \quad 和 \quad (\nabla\theta)^* = \nabla\theta$$

于是对于任意旋转张量 $\boldsymbol{Q}$ 及任意 $(\boldsymbol{F}, \theta, \nabla\theta)$，有

$$\begin{aligned}
\hat{\psi}_R(\boldsymbol{F}, \theta, \nabla\theta) &= \hat{\psi}_R(\boldsymbol{Q}\cdot\boldsymbol{F}, \theta, \nabla\theta),\\
\hat{\boldsymbol{\Pi}}(\boldsymbol{F}, \theta, \nabla\theta) &= \hat{\boldsymbol{\Pi}}(\boldsymbol{Q}\cdot\boldsymbol{F}, \theta, \nabla\theta),\\
\hat{\eta}_R(\boldsymbol{F}, \theta, \nabla\theta) &= \hat{\eta}_R(\boldsymbol{Q}\cdot\boldsymbol{F}, \theta, \nabla\theta),\\
\boldsymbol{q}_R(\boldsymbol{F}, \theta, \nabla\theta) &= \hat{\boldsymbol{q}}_R(\boldsymbol{Q}\cdot\boldsymbol{F}, \theta, \nabla\theta)
\end{aligned} \tag{8.8}$$

若取 $\boldsymbol{Q} = \boldsymbol{R}^{\mathrm{T}}$，由式(8.1)知 $\boldsymbol{Q}\cdot\boldsymbol{F} = \boldsymbol{U}$，$\boldsymbol{U} = \sqrt{\boldsymbol{C}}$，结合式(8.3)得

$$\begin{aligned}
\psi_R &= \bar{\psi}_R(\boldsymbol{C}, \theta, \nabla\theta),\\
\boldsymbol{\Pi} &= \boldsymbol{F}\cdot\bar{\boldsymbol{P}}(\boldsymbol{C}, \theta, \nabla\theta),\\
\eta_R &= \bar{\eta}_R(\boldsymbol{C}, \theta, \nabla\theta),\\
\boldsymbol{q}_R &= \bar{\boldsymbol{q}}_R(\boldsymbol{C}, \theta, \nabla\theta)
\end{aligned} \tag{8.9}$$

合并式(8.3)第一步关系式和式(8.9)第二式，再结合应力张量 $\boldsymbol{T}$ 的对称性，可验证 $\boldsymbol{\Pi}\cdot\boldsymbol{F}^{\mathrm{T}}$ 的对称性，这也正是式(8.2)第二式给出的角动量平衡的结果。

本构方程由运动场 $\boldsymbol{x}$，温度场 θ，以及由式(8.9)得到的 ψ_R，$\boldsymbol{\Pi}$，η_R 和 $\boldsymbol{q}_R$ 构成。由式(8.1)的第一式和第三式，可得常规体力 $\boldsymbol{b}_{0R}$ 和外部热源 w_R 满足如下关系：

$$\boldsymbol{b}_{0R} = \rho_R\ddot{\boldsymbol{x}} - \mathrm{Div}\,\boldsymbol{\Pi},$$

$$w_R = \dot{\varepsilon}_R - \boldsymbol{\Pi} : \dot{\boldsymbol{F}} + \mathrm{Div}\,\boldsymbol{q}_R$$

若任意指定体力 $\boldsymbol{b}_{0R}$ 和热源 w_R，本构方程需满足式(8.2) 第四式即自由能不等式。

记 $\boldsymbol{g}=\nabla\theta$，将式(8.9) 第一式对时间微分得

$$\dot{\psi}_R=\frac{\partial\bar{\psi}_R(\boldsymbol{C},\ \theta,\ \boldsymbol{g})}{\partial\boldsymbol{C}}:\dot{\boldsymbol{C}}+\frac{\partial\bar{\psi}_R(\boldsymbol{C},\ \theta,\ \boldsymbol{g})}{\partial\theta}\dot{\theta}+\frac{\partial\bar{\psi}_R(\boldsymbol{C},\ \theta,\ \boldsymbol{g})}{\partial\boldsymbol{g}}:\dot{\boldsymbol{g}} \tag{8.10}$$

式(8.5) 变为

$$\left(\frac{\partial\bar{\psi}_R}{\partial\boldsymbol{C}}-\frac{1}{2}\boldsymbol{P}\right):\dot{\boldsymbol{C}}+\left(\frac{\partial\bar{\psi}_R}{\partial\theta}+\eta_R\right)\dot{\theta}+\frac{\partial\bar{\psi}_R}{\partial g}:\dot{\boldsymbol{g}}+\frac{1}{\theta}\boldsymbol{q}_R\cdot\boldsymbol{g}\leqslant 0 \tag{8.11}$$

所有本构方程均应满足上述不等式。

由式(8.11) 可知热力学定律有如下要求：

(1) 自由能、第二类 P－K 应力张量和熵均与温度梯度无关。

(2) 第二类 P－K 应力张量和熵可由自由能函数通过如下关系确定：

$$\boldsymbol{P}=2\ \frac{\partial\bar{\psi}_R(\boldsymbol{C},\ \theta)}{\partial\boldsymbol{C}} \tag{8.12}$$

$$\eta_R=-\frac{\partial\bar{\psi}_R(\boldsymbol{C},\ \theta)}{\partial\theta} \tag{8.13}$$

式(8.12) 和式(8.13) 称为状态关系。

(3) 对所有($\boldsymbol{C}$，θ，$\nabla\theta$)，热流满足如下热传导不等式：

$$\boldsymbol{q}_R\cdot\nabla\theta\leqslant 0 \tag{8.14}$$

由式(8.12) 和式(8.13) 可得第一类 Gibbs 关系：

$$\dot{\psi}_R=\frac{1}{2}\boldsymbol{P}:\dot{\boldsymbol{C}}-\eta_R\dot{\theta} \tag{8.15}$$

应用 $\psi_R=\varepsilon_R-\theta\eta_R$ 可得第二类 Gibbs 关系：

$$\dot{\varepsilon}_R = \frac{1}{2}\boldsymbol{P} : \dot{\boldsymbol{C}} + \theta\dot{\eta}_R \tag{8.16}$$

这表明

$$\theta\dot{\eta}_R = -\text{Div}\ \boldsymbol{q}_R + w_R$$

因此，Gibbs 能量关系的一个重要结果是能量平衡可退化为熵平衡：

$$\dot{\eta}_R = -\frac{1}{\theta}\text{Div}\ \boldsymbol{q}_R + \frac{w_R}{\theta} \tag{8.17}$$

由式(8.12) 和式(8.13) 还可得到 Maxwell 方程：

$$\frac{\partial\bar{\boldsymbol{P}}(\boldsymbol{C},\ \theta)}{\partial\theta} = 2\ \frac{\partial^2\bar{\psi}_R(\boldsymbol{C},\ \theta)}{\partial\boldsymbol{C}\,\partial\theta} = -2\ \frac{\partial\bar{\eta}_R(\boldsymbol{C},\ \theta)}{\partial\boldsymbol{C}} \tag{8.18}$$

关于热传导不等式，有如下一些结论：

(1) 热量由热区域向冷区域流动；

(2) 如果温度梯度为零，热流消失，这一现象与位移梯度和温度高低无关；

(3) 热传导率张量 $\boldsymbol{K}_0$ 半正定，其定义为

$$\boldsymbol{K}_0 = -\left.\frac{\partial\bar{\boldsymbol{q}}_R}{\partial g}\right|_{(\boldsymbol{C},\ \theta,\ \boldsymbol{g})=(\boldsymbol{C}_0,\ \theta_0,\ \boldsymbol{0})} \tag{8.19}$$

式中，$\boldsymbol{C}_0$ 和 θ_0 分别为给定的右 Cauchy - Green 张量和温度。

定义无量纲范数 ε：

$$\varepsilon = \sqrt{|\boldsymbol{C}-\boldsymbol{C}_0|^2 + \frac{|\theta-\theta_0|^2}{\theta_0^2} + \frac{L^2\ |g|^2}{\theta_0^2}}$$

式中，L 为与参考构型有关的特征长度。将 $\bar{\boldsymbol{q}}_R(\boldsymbol{C},\ \theta,\ \boldsymbol{g})$ 在$(\boldsymbol{C}_0,\ \theta_0,\ \boldsymbol{0})$ 处泰勒级数展开，当 $\varepsilon \to 0$ 时，热流 $\boldsymbol{q}_R = \bar{\boldsymbol{q}}_R(\boldsymbol{C},\ \theta,\ \boldsymbol{g})$ 可表示为

$$\boldsymbol{q}_R = -\boldsymbol{K}_0\ \nabla\theta + o(\varepsilon) \tag{8.20}$$

将式(8.12) 中的第二类 P-K 应力张量对时间进行微分，由链式法则可得

$$\dot{\boldsymbol{P}} = 2\,\frac{\partial\bar{\boldsymbol{P}}(\boldsymbol{C},\ \theta)}{\partial\boldsymbol{C}}\dot{\boldsymbol{C}} + \frac{\partial\bar{\boldsymbol{P}}(\boldsymbol{C},\ \theta)}{\partial\theta}\dot{\theta}$$

若温度不变，定义弹性张量为

$$\mathbb{C}(\boldsymbol{C},\ \theta) = 2\,\frac{\partial\bar{\boldsymbol{P}}(\boldsymbol{C},\ \theta)}{\partial\boldsymbol{C}} \tag{8.21}$$

若应变不变，定义应力-温度模量为

$$\boldsymbol{M}(\boldsymbol{C},\ \theta) = \frac{\partial\bar{\boldsymbol{P}}(\boldsymbol{C},\ \theta)}{\partial\theta} \tag{8.22}$$

由式(8.12) 和式(8.21) 得

$$\mathbb{C}(\boldsymbol{C},\ \theta) = 4\,\frac{\partial^2\bar{\psi}_R(\boldsymbol{C},\ \theta)}{\partial\boldsymbol{C}^2} \tag{8.23}$$

由式(8.18) Maxwell 方程和式(8.22) 得

$$\boldsymbol{M}(\boldsymbol{C},\ \theta) = -2\,\frac{\partial\bar{\eta}_R(\boldsymbol{C},\ \theta)}{\partial\boldsymbol{C}} \tag{8.24}$$

$\mathbb{C}(\boldsymbol{C},\ \theta)$ 和 $\boldsymbol{M}(\boldsymbol{C},\ \theta)$ 均为对称张量。

另一个重要的模量是应变不变时的热容，其定义为

$$c(\boldsymbol{C},\ \theta) = \frac{\partial\bar{\varepsilon}_R(\boldsymbol{C},\ \theta)}{\partial\theta} = \theta\,\frac{\partial\bar{\eta}_R(\boldsymbol{C},\ \theta)}{\partial\theta} = -\theta\,\frac{\partial^2\bar{\psi}_R(\boldsymbol{C},\ \theta)}{\partial\theta^2} \tag{8.25}$$

由式(8.25) 和温度总是正的可知下述三种断言是等效的：

(1) 对所有 θ，热容 $c(\boldsymbol{C},\ \theta)$ 绝对为正值；

(2) 熵 $\bar{\eta}_R(\boldsymbol{C},\ \theta)$ 是关于 θ 的严格增函数；

(3) 熵 $\bar{\psi}_R(\boldsymbol{C},\ \theta)$ 是关于 θ 的严格凹函数。

将熵对时间微分，由式(8.9) 第四式和式(8.17) 得演化方程：

$$c(\boldsymbol{C},\ \theta)\dot{\theta} = -\mathrm{Div}\,\bar{\boldsymbol{q}}_R(\boldsymbol{C},\ \theta,\ \nabla\theta) + \frac{1}{2}\theta\boldsymbol{M}(\boldsymbol{C},\ \theta) : \dot{\boldsymbol{C}} + \boldsymbol{q}_R \tag{8.26}$$

式(8.26) 推导时仅用了标架无差异性和热动力学一致性假设。因热传导率张量 $\boldsymbol{K}_0$ 为常数，式(8.26) 可改写为

$$c(\boldsymbol{C},\ \theta)\dot{\theta} = -\boldsymbol{K}_0 : \nabla\nabla\theta + \frac{1}{2}\theta\boldsymbol{M}(\boldsymbol{C},\ \theta) : \dot{\boldsymbol{C}} + w_R \tag{8.27}$$

式(8.27)即为经典的各向异性热传导方程。

基本热弹性场方程包括：

(1) 运动方程

$$\boldsymbol{F} = \nabla\boldsymbol{x},\quad \boldsymbol{C} = \boldsymbol{F}^{\mathrm{T}} \cdot \boldsymbol{F} \tag{8.28}$$

(2) 本构方程

$$\begin{aligned} &\psi_R = \bar{\psi}_R(\boldsymbol{C},\ \theta),\quad \boldsymbol{\Pi} = 2\boldsymbol{F}\frac{\partial\bar{\psi}_R(\boldsymbol{C},\ \theta)}{\partial\boldsymbol{C}}, \\ &\eta_R = -\frac{\partial\bar{\psi}_R(\boldsymbol{C},\ \theta)}{\partial\theta},\quad \boldsymbol{q}_R = \bar{\boldsymbol{q}}_R(\boldsymbol{C},\ \theta,\ \nabla\theta) \end{aligned} \tag{8.29}$$

(3) 平衡方程

$$\rho_R\ddot{\boldsymbol{x}} = \mathrm{Div}\ \boldsymbol{\Pi} + \boldsymbol{b}_{0R} \tag{8.30}$$

(4) 能量方程

$$\theta\dot{\eta}_R = -\mathrm{Div}\ \boldsymbol{q}_R + w_R \tag{8.31}$$

式(8.31)的另一形式为

$$c\,\dot{\theta} = -\mathrm{Div}\ \bar{\boldsymbol{q}}_R + \frac{1}{2}\theta\boldsymbol{M} : \dot{\boldsymbol{C}} + w_R \tag{8.32}$$

式中，

$$c(\boldsymbol{C},\ \theta) = -\theta\frac{\partial^2\bar{\psi}_R(\boldsymbol{C},\ \theta)}{\partial\theta^2},\quad \boldsymbol{M}(\boldsymbol{C},\ \theta) = 2\frac{\partial^2\bar{\psi}_R(\boldsymbol{C},\ \theta)}{\partial\boldsymbol{C}\,\partial\theta} \tag{8.33}$$

对于变形和温度场，自由能而不是热流的响应决定着应力和熵的响应。此处有必要讨论材料的对称性，其不仅能解释自由能的本构行为，也能说明热流的本构行为。

在热机械环境中，对称变换是指变形和温度响应不变时参考构型的刚体变换。给定旋转张量 $\boldsymbol{Q}$，考虑两种情况：(1) 变形梯度为 $\boldsymbol{F}$，温

度场为 θ；(2) 变形梯度为 $\boldsymbol{F}\cdot\boldsymbol{Q}$，温度场仍为 θ。假设 $\boldsymbol{Q}$ 为对称变换，则

$$\bar{\psi}_R(\boldsymbol{Q}^{\mathrm{T}}\cdot\boldsymbol{C}\cdot\boldsymbol{Q},\ \theta)=\bar{\psi}_R(\boldsymbol{C},\ \theta) \tag{8.34}$$

记 $\boldsymbol{q}_1$ 和 $\boldsymbol{q}_2$ 分别为两种情况变形体中的热流场，它们应该是相同的，即

$$\boldsymbol{q}_1=\boldsymbol{q}_2=\boldsymbol{q} \tag{8.35}$$

由式(8.6) 第一式，参考构型中的热流场应满足如下关系：

$$\boldsymbol{F}\cdot\boldsymbol{q}_{R1}=\boldsymbol{F}\cdot\boldsymbol{Q}\cdot\boldsymbol{q}_{R2}=J\boldsymbol{q} \tag{8.36}$$

由式(8.6) 第二式，参考构型中两种情况的温度梯度 $\boldsymbol{g}_1$ 和 $\boldsymbol{g}_2$ 应满足如下关系：

$$(\boldsymbol{F}^{-1})^{\mathrm{T}}\cdot\boldsymbol{g}_1=(\boldsymbol{F}^{-1})^{\mathrm{T}}\cdot\boldsymbol{Q}\cdot\boldsymbol{g}_2=\operatorname{grad}\theta \tag{8.37}$$

于是有

$$\boldsymbol{g}_2=\boldsymbol{Q}^{\mathrm{T}}\cdot\boldsymbol{g}_1,\qquad \boldsymbol{q}_{R2}=\boldsymbol{Q}^{\mathrm{T}}\cdot\boldsymbol{q}_{R1},\qquad \boldsymbol{C}_2=\boldsymbol{Q}^{\mathrm{T}}\cdot\boldsymbol{C}_1\cdot\boldsymbol{Q} \tag{8.38}$$

及

$$\boldsymbol{Q}^{\mathrm{T}}\cdot\bar{\boldsymbol{q}}_R(\boldsymbol{C},\ \theta,\ g)=\bar{\boldsymbol{q}}_R(\boldsymbol{Q}^{\mathrm{T}}\cdot\boldsymbol{C}\cdot\boldsymbol{Q},\ \theta,\ \boldsymbol{Q}^{\mathrm{T}}\cdot\boldsymbol{g}) \tag{8.39}$$

8.2 给定温度的自然状态的参考构型

简单来说，当物体不受外力作用，参考构型在温度为 θ_0 时处在自然状态是指在该温度时当应变和温度受到微小的扰动时其参考构型是稳定的。

假设 $t=0$ 时，温度为 θ_0 的未变形的物体 B 受到一种均布式的轻微的扰动。右 Cauchy - Green 张量 $\boldsymbol{C}$ 与温度 θ 的初始条件分别为

$$\boldsymbol{C}(X,\ 0)=\boldsymbol{C}_*,\qquad \theta(X,\ 0)=\theta_* \tag{8.40}$$

式中，$\boldsymbol{C}_*$ 和 θ_* 为恒定场，且

(1) $\boldsymbol{C}_*$ 接近等于 $\boldsymbol{I}$，因此 Green－Lagrange 应变 $\boldsymbol{E}_*=\frac{1}{2}(\boldsymbol{C}_*-\boldsymbol{I})$ 是小量；

(2) θ_* 接近等于 θ_0。

此外，假设 $\dot{\boldsymbol{x}}(X,0)=\boldsymbol{0}$，处在温度为 θ_0 的热环境中的边界 ∂B 是自由的

$$\boldsymbol{\Pi}\cdot\boldsymbol{n}_R=\boldsymbol{0},\qquad \theta=\theta_0$$

在 ∂B 上引入 Gibbs 函数

$$\omega(\boldsymbol{C},\theta,\theta_0)=\bar{\psi}_R(\boldsymbol{C},\theta)+(\theta-\theta_0)\bar{\eta}_R(\boldsymbol{C},\theta) \tag{8.41}$$

如果 $\omega(\boldsymbol{C},\theta,\theta_0)$ 在 $(\boldsymbol{C},\theta)=(\boldsymbol{I},\theta_0)$ 时有局部最小值，则称参考构型在温度为 θ_0 时处于自然状态。

假设温度为 θ_0 时参考构型处于自然状态，由式(8.41) 可推得：在 $(\boldsymbol{C},\theta)=(\boldsymbol{I},\theta_0)$ 时，Gibbs 函数 ω 对 $\boldsymbol{C}$ 和 θ 的导数等于零，二阶导数矩阵是半正定的。引入如下符号：

$$\Phi\,\big|_0=\Phi(\boldsymbol{C},\theta)\,\big|_{(\boldsymbol{C},\theta)=(\boldsymbol{I},\theta_0)}$$

于是

$$\left.\frac{\partial\omega}{\partial\boldsymbol{C}}\right|_0=\boldsymbol{0},\qquad \left.\frac{\partial\omega}{\partial\theta}\right|_0=0 \tag{8.42}$$

且对任意对称张量 $\boldsymbol{A}$ 和任意标量 α，有

$$\boldsymbol{A}:\left.\frac{\partial^2\omega}{\partial\boldsymbol{C}^2}\right|_0\boldsymbol{A}+2\boldsymbol{A}:\left.\frac{\partial^2\omega}{\partial\boldsymbol{C}\,\partial\theta}\right|_0\alpha+\alpha^2\left.\frac{\partial^2\omega}{\partial\theta^2}\right|_0\geqslant 0 \tag{8.43}$$

结合式(8.12) 和式(8.13)，由式(8.42) 和式(8.43) 可得

$$\begin{aligned}
&\left.\frac{\partial\omega}{\partial\boldsymbol{C}}\right|_0=\left[\frac{\partial\bar{\psi}_R}{\partial\boldsymbol{C}}+(\theta-\theta_0)\frac{\partial\bar{\eta}_R}{\partial\boldsymbol{C}}\right]_0=\left.\frac{\partial\bar{\psi}_R}{\partial\boldsymbol{C}}\right|_0=\frac{1}{2}\bar{\boldsymbol{P}}_R\Big|_0=\boldsymbol{0},\\
&\left.\frac{\partial\omega}{\partial\theta}\right|_0=\left[\frac{\partial\bar{\psi}_R}{\partial\theta}+\bar{\eta}_R+(\theta-\theta_0)\frac{\partial\bar{\eta}_R}{\partial\theta}\right]_0=\left.\frac{\partial\bar{\psi}_R}{\partial\theta}\right|_0+\bar{\eta}_R\big|_0=0
\end{aligned} \tag{8.44}$$

再应用式(8.21) 和式(8.25)，得

$$\left.\frac{\partial^2\omega}{\partial\boldsymbol{C}^2}\right|_0=\left[\frac{\partial^2\bar{\psi}_R}{\partial\boldsymbol{C}^2}+(\theta-\theta_0)\frac{\partial^2\bar{\eta}_R}{\partial\boldsymbol{C}^2}\right]_0=\left.\frac{\partial^2\bar{\psi}_R}{\partial\boldsymbol{C}^2}\right|_0=\mathbb{C}|_0,$$

$$\left.\frac{\partial^2\omega}{\partial\boldsymbol{C}\,\partial\theta}\right|_0=\left[\frac{\partial^2\bar{\psi}_R}{\partial\boldsymbol{C}\,\partial\theta}+\frac{\partial\bar{\eta}_R}{\partial\boldsymbol{C}}+(\theta-\theta_0)\frac{\partial^2\bar{\eta}_R}{\partial\boldsymbol{C}\,\partial\theta}\right]_0=\boldsymbol{0},\tag{8.45}$$

$$\left.\frac{\partial^2\omega}{\partial\theta^2}\right|_0=\left[\frac{\partial^2\bar{\psi}_R}{\partial\theta^2}+\frac{\partial\bar{\eta}_R}{\partial\theta}+(\theta-\theta_0)\frac{\partial^2\bar{\eta}_R}{\partial\theta^2}\right]_0=\left.\frac{\partial\bar{\eta}_R}{\partial\theta}\right|_0=\left.\frac{c}{\theta}\right|_0$$

式(8.43) 和式(8.45) 表明对任意对称张量 $\boldsymbol{A}$，有

$$\boldsymbol{A}:\mathbb{C}|_0\boldsymbol{A}\geqslant 0\tag{8.46}$$

且

$$c|_0\geqslant 0\tag{8.47}$$

简而言之，温度为 θ_0 时参考构型处于自然状态，则残余应力 $\bar{\boldsymbol{P}}|_0=\boldsymbol{0}$，弹性张量 $\boldsymbol{C}|_0$ 是对称且半正定的，热容 $c|_0$ 为非负。

8.3 线性热弹性

线性热弹性理论的推导须基于如下几个假设：

(1) 温度为 θ_0 时参考构型处于自然状态；

(2) 各处温度 θ 与 θ_0 相近；

(3) 各处位移梯度 $\nabla\boldsymbol{u}$ 和比例温度梯度 $l\boldsymbol{g}/\theta_0=l\,\nabla\theta/\theta_0$ 的值是微小量，其中 θ_0 为给定的温度，l 为参考构型中的特征长度。

对函数 $\Phi=\Phi(\boldsymbol{C},\ \theta,\ \boldsymbol{g})$，记 $\Phi_0=\Phi|_0$ 为 $\nabla\boldsymbol{u}=\boldsymbol{0}$，$\boldsymbol{g}=\boldsymbol{0}$，$\theta=\theta_0$ 时的 Φ 值。注意，当 $\nabla\boldsymbol{u}=\boldsymbol{0}$ 时，$\boldsymbol{C}\approx\boldsymbol{F}\approx\boldsymbol{I}$。以下将推导应力与熵的渐进本构方程，它们适用于与参考构型有微小偏离的那些构型。参考构型在给定温度 θ_0 时处于自然状态。

将 $\bar{\boldsymbol{P}}(\boldsymbol{C},\ \theta)$ 与 $\bar{\eta}_R(\boldsymbol{C},\ \theta)$ 在 $\boldsymbol{C}=\boldsymbol{I}$，$\theta=\theta_0$ 处泰勒级数展开，得

$$\bar{\boldsymbol{P}}(\boldsymbol{C},\ \theta)=\bar{\boldsymbol{P}}|_0+\left.\frac{\partial\bar{\boldsymbol{P}}}{\partial\boldsymbol{C}}\right|_0(\boldsymbol{C}-\boldsymbol{I})+\left.\frac{\partial\bar{\boldsymbol{P}}}{\partial\theta}\right|_0(\theta-\theta_0)+o(\varepsilon)$$

$$\bar{\eta}_R(\boldsymbol{C},\ \theta)=\bar{\eta}_R|_0+\left.\frac{\partial\bar{\eta}_R}{\partial\boldsymbol{C}}\right|_0(\boldsymbol{C}-\boldsymbol{I})+\left.\frac{\partial\bar{\eta}_R}{\partial\theta}\right|_0(\theta-\theta_0)+o(\varepsilon)$$

式中，

$$\varepsilon=\sqrt{|\nabla u|^2+\frac{|\theta-\theta_0|^2}{\theta_0^2}+\frac{l^2|g|^2}{\theta_0^2}}$$

于是，由式(8.21)、式(8.22)和式(8.24)得

$$\left.\frac{\partial\bar{\boldsymbol{P}}}{\partial\boldsymbol{C}}\right|_0=\frac{1}{2}\mathbb{C}_0,\qquad \left.\frac{\partial\bar{\boldsymbol{P}}}{\partial\theta}\right|_0=-2\left.\frac{\partial\bar{\eta}_R}{\partial\boldsymbol{C}}\right|_0=\boldsymbol{M}_0,\qquad \left.\frac{\partial\bar{\eta}_R}{\partial\theta}\right|_0=\frac{c_0}{\theta_0} \tag{8.48}$$

式(8.44)给出了$\bar{\boldsymbol{P}}|_0=\boldsymbol{0}$，为不失一般性，此处假设$\bar{\eta}_R|_0=0$。引入$\boldsymbol{C}=\boldsymbol{C}_0$，$\boldsymbol{M}=\boldsymbol{M}_0$和$c=c_0$速写符号。应用$\boldsymbol{E}\approx\frac{1}{2}(\boldsymbol{C}-\boldsymbol{I})$关系，我们可得到当$\varepsilon\to 0$时的第二类P-K应力张量和熵的关系式：

$$\begin{aligned}\boldsymbol{P}&=\mathbb{C}\boldsymbol{E}+\boldsymbol{M}(\theta-\theta_0)+o(\varepsilon),\\ \eta_R&=-\boldsymbol{M}:\boldsymbol{E}+\frac{c}{\theta_0}(\theta-\theta_0)+o(\varepsilon)\end{aligned} \tag{8.49}$$

进一步考虑第二类P-K应力张量与第一类P-K应力张量及Cauchy应力张量的关系，可以发现，当$\varepsilon\to 0$时

$$\begin{aligned}\boldsymbol{\Pi}_R&=\mathbb{C}\boldsymbol{E}+\boldsymbol{M}(\theta-\theta_0)+o(\varepsilon),\\ \boldsymbol{T}&=\mathbb{C}\boldsymbol{E}+\boldsymbol{M}(\theta-\theta_0)+o(\varepsilon)\end{aligned} \tag{8.50}$$

还可以发现，当$\varepsilon\to 0$时，自由能函数$\bar{\psi}_R(\boldsymbol{C},\ \theta)$可表示为

$$\psi_R=\frac{1}{2}\boldsymbol{E}:\mathbb{C}\boldsymbol{E}+(\theta-\theta_0)\boldsymbol{M}:\boldsymbol{E}-\frac{c}{2\theta_0}(\theta-\theta_0)^2+o(\varepsilon^2) \tag{8.51}$$

且密度、常规体力和外部热源的空间与材料形式可通过下式建立

联系：

$$\rho=[1+o(1)]\rho_R, \quad \boldsymbol{b}_0=[1+o(1)]\boldsymbol{b}_{0R}, \quad w=[1+o(1)]w_R \tag{8.52}$$

Green－Lagrange 张量写为

$$\boldsymbol{E}=\frac{1}{2}(\boldsymbol{H}+\boldsymbol{H}^{\mathrm{T}})+o(|\boldsymbol{H}|^2) \tag{8.53}$$

线性热弹性理论的建立是基于略去高阶项后的式(8.20)及式(8.49)～式(8.53)中的近似方程。因此我们取 $\rho=\rho_R$，$\boldsymbol{T}=\boldsymbol{\Pi}$，$\boldsymbol{b}_0=\boldsymbol{b}_{0R}$，$\boldsymbol{q}=\boldsymbol{q}_R$ 和 $w=w_R$，在应变-位移关系

$$\boldsymbol{E}=\frac{1}{2}[\nabla\boldsymbol{u}+(\nabla\boldsymbol{u})^{\mathrm{T}}] \tag{8.54}$$

和本构方程

$$\begin{aligned}
\psi_R&=\frac{1}{2}\boldsymbol{E}:\mathbb{C}\boldsymbol{E}+(\theta-\theta_0)\boldsymbol{M}:\boldsymbol{E}-\frac{c}{2\theta_0}(\theta-\theta_0)^2,\\
\boldsymbol{T}&=\mathbb{C}\boldsymbol{E}+\boldsymbol{M}(\theta-\theta_0),\\
\eta_R&=-\boldsymbol{M}:\boldsymbol{E}+\frac{c}{\theta_0}(\theta-\theta_0),\\
\boldsymbol{q}_R&=-\boldsymbol{K}\,\nabla\theta
\end{aligned} \tag{8.55}$$

上建立理论。式中，$\mathbb{C}$，$\boldsymbol{M}$，c 和 $\boldsymbol{K}=\boldsymbol{K}_0$ 分别为参考温度为 θ_0 时的弹性张量、应力-温度模量、热容和导热系数张量。假设 $\boldsymbol{C}$ 和 $\boldsymbol{K}$ 是正定的，c 取正值。

线性热弹性理论的基本方程除了式(8.54)和式(8.55)，还包括局部动量平衡方程

$$\rho\ddot{\boldsymbol{u}}=\mathrm{Div}[\mathbb{C}\boldsymbol{E}+\boldsymbol{M}(\theta-\theta_0)]+\boldsymbol{b}_0 \tag{8.56}$$

和局部能量平衡方程

$$c\,\dot{\theta}=\operatorname{Div}(\boldsymbol{K}\,\nabla\theta)+\theta_0\boldsymbol{M}:\dot{\boldsymbol{E}}+w \tag{8.57}$$

当在热弹性本构方程中用 $\boldsymbol{E}$ 替代 $\boldsymbol{C}$ 时，式(8.34) 和式(8.39) 的变换规则相应变为

$$\begin{gathered}\bar{\psi}_R(\boldsymbol{Q}^{\mathrm{T}}\cdot\boldsymbol{E}\cdot\boldsymbol{Q},\ \theta)=\bar{\psi}_R(\boldsymbol{E},\ \theta),\\ \boldsymbol{Q}^{\mathrm{T}}\cdot\bar{\boldsymbol{q}}_R(\boldsymbol{Q}^{\mathrm{T}}\cdot\boldsymbol{E}\cdot\boldsymbol{Q},\ \theta,\ \boldsymbol{Q}^{\mathrm{T}}\cdot\boldsymbol{g})=\bar{\boldsymbol{q}}_R(\boldsymbol{Q}^{\mathrm{T}}\cdot\boldsymbol{E}\cdot\boldsymbol{Q},\ \theta,\ \boldsymbol{Q}^{\mathrm{T}}\cdot\boldsymbol{g})\end{gathered} \tag{8.58}$$

对式(8.55)，这些变换规则意味着

$$\begin{gathered}\boldsymbol{Q}^{\mathrm{T}}\cdot\mathbb{C}\boldsymbol{E}\cdot\boldsymbol{Q}=\mathbb{C}(\boldsymbol{Q}^{\mathrm{T}}\cdot\boldsymbol{E}\cdot\boldsymbol{Q}),\\ \boldsymbol{Q}^{\mathrm{T}}\cdot\boldsymbol{M}\cdot\boldsymbol{Q}=\boldsymbol{M},\qquad \boldsymbol{Q}^{\mathrm{T}}\cdot\boldsymbol{K}\cdot\boldsymbol{Q}=\boldsymbol{K}\end{gathered} \tag{8.59}$$

式中，$\boldsymbol{Q}$ 为对称变换，所有 $\boldsymbol{E}$ 为对称张量。如果材料是各向同性的，那么 $\mathbb{C}\boldsymbol{E}$，$\boldsymbol{M}$ 和 $\boldsymbol{K}$ 可写成如下特定形式：

$$\mathbb{C}\boldsymbol{E}=2\mu\boldsymbol{E}+\lambda(\operatorname{tr}\boldsymbol{E})\boldsymbol{I},\qquad \boldsymbol{M}=\beta\boldsymbol{I},\qquad \boldsymbol{K}=k\boldsymbol{I} \tag{8.60}$$

式中，μ 和 λ 为弹性模量，β 为应力-温度模量，k 为导热系数。

对式(8.60) 第一式应用正定性条件

$$\boldsymbol{E}:\mathbb{C}\boldsymbol{E}=2\mu|\boldsymbol{E}|^2+\lambda(\operatorname{tr}\boldsymbol{E})^2>0 \tag{8.61}$$

式中，

$$\begin{gathered}\boldsymbol{E}_0=\boldsymbol{E}-\frac{1}{3}(\operatorname{tr}\boldsymbol{E})\boldsymbol{I},\\ \kappa=\lambda+\frac{2\mu}{3}\end{gathered} \tag{8.62}$$

因此

$$\mu>0,\qquad \kappa=\lambda+\frac{2\mu}{3}>0 \tag{8.63}$$

其中 μ 和 λ 常称为 Lamé 模量。式(8.60) 第一式可改写为

$$\mathbb{C}\boldsymbol{E}=2\mu\boldsymbol{E}_0+\kappa(\mathrm{tr}\,\boldsymbol{E})\boldsymbol{I} \tag{8.64}$$

式中，μ 称为等温剪切模量，κ 称为等温体积模量。

此外，$\boldsymbol{K}$ 正定，因此要求导热系数 k 必须为正，即

$$k>0 \tag{8.65}$$

将式(8.60) 代入式(8.55)，各向同性的线性热弹性本构方程可写为

$$\begin{aligned}
\psi_R&=\mu|\boldsymbol{E}|^2+\frac{\lambda}{2}(\mathrm{tr}\,\boldsymbol{E})^2+(\theta-\theta_0)\beta\mathrm{tr}\,\boldsymbol{E}-\frac{c}{2\theta_0}(\theta-\theta_0)^2,\\
\boldsymbol{T}&=2\mu\boldsymbol{E}+\lambda(\mathrm{tr}\,\boldsymbol{E})\boldsymbol{I}+\beta(\theta-\theta_0)\boldsymbol{I},\\
\eta_R&=-\beta\mathrm{tr}\,\boldsymbol{E}+\frac{c}{\theta_0}(\theta-\theta_0),\\
\boldsymbol{q}&=-k\,\nabla\theta\boldsymbol{I}
\end{aligned} \tag{8.66}$$

式(8.66) 第二式应力-应变关系可反过来写为

$$\boldsymbol{E}=\frac{1}{2\mu}\left[\boldsymbol{T}-\frac{\lambda}{(2\mu+3\lambda)}(\mathrm{tr}\,\boldsymbol{T})\boldsymbol{I}\right]+\alpha(\theta-\theta_0)\boldsymbol{I} \tag{8.67}$$

式中，

$$\alpha=-\frac{\beta}{(2\mu+3\lambda)} \tag{8.68}$$

为热膨胀系数。应用式(8.62) 有

$$\beta=-3\kappa\alpha \tag{8.69}$$

当材料为均质各向同性时，ρ，μ，λ，β 和 k 均为常数。这种情况下，因为

$$2\mathrm{Div}\,\boldsymbol{E}=\mathrm{Div}[\nabla\boldsymbol{u}+(\nabla\boldsymbol{u})^{\mathrm{T}}]=\Delta\boldsymbol{u}+\nabla\mathrm{Div}\,\boldsymbol{u}$$

且

$$\mathrm{Div}[(\mathrm{tr}\,\boldsymbol{E})\boldsymbol{I}]=\mathrm{Div}[(\mathrm{Div}\,\boldsymbol{u})\boldsymbol{I}]=\nabla\mathrm{Div}\,\boldsymbol{u}$$

由式(8.56) 可得

$$\rho_R \ddot{\boldsymbol{u}} = \mu \Delta \boldsymbol{u} + (\lambda + \mu) \nabla \mathrm{Div}\, \boldsymbol{u} + \beta \nabla \theta \boldsymbol{I} + \boldsymbol{b}_0 \tag{8.70}$$

由式(8.57) 可得

$$c\,\dot{\theta} = k \Delta \theta + \beta \theta_0 \mathrm{Div}\, \dot{\boldsymbol{u}} + w \tag{8.71}$$

实际应用时，式(8.71) 中的耦合项 $\beta \theta_0 \mathrm{Div}\, \dot{\boldsymbol{u}}$ 常被略去，由此可得弱耦合的各向同性线性热弹性理论。

习　题

8.1　考虑一种热弹性材料，给定其内能、熵和自由能表达形式：

$$\varepsilon_R = \bar{\varepsilon}_R(\boldsymbol{C}, \theta),$$

$$\eta_R = \bar{\eta}_R(\boldsymbol{C}, \theta),$$

$$\psi_R = \bar{\varepsilon}_R(\boldsymbol{C}, \theta) - \theta \bar{\eta}_R(\boldsymbol{C}, \theta) = \bar{\psi}_R(\boldsymbol{C}, \theta)$$

若针对类橡胶弹性材料，实验表明其内能ε_R 本质上与 $\boldsymbol{C}$ 无关，即

$$\bar{\varepsilon}_R(\boldsymbol{C}, \theta) = \bar{\varepsilon}_R(\theta)$$

此种情况下，热容也与 $\boldsymbol{C}$ 无关，即

$$c(\theta) = \frac{\mathrm{d}\bar{\varepsilon}_R(\theta)}{\mathrm{d}\theta}$$

(1) 请使用

$$\begin{aligned} c(\boldsymbol{C}, \theta) &= \frac{\partial \bar{\varepsilon}_R(\boldsymbol{C}, \theta)}{\partial \theta} \\ &= \frac{\partial \bar{\psi}_R(\boldsymbol{C}, \theta)}{\partial \theta} + \bar{\eta}_R(\boldsymbol{C}, \theta) + \theta \frac{\partial \bar{\eta}_R(\boldsymbol{C}, \theta)}{\partial \theta} \\ &= \theta \frac{\partial \bar{\eta}_R(\boldsymbol{C}, \theta)}{\partial \theta} \end{aligned}$$

证明熵$\eta_R(\boldsymbol{C},\ \theta)$可分离成如下形式：

$$\bar{\eta}_R(\boldsymbol{C},\ \theta)=f(\theta)+g(\boldsymbol{C})$$

(2) 使用本构方程

$$\psi_R=\bar{\psi}_R(\boldsymbol{C},\ \theta),$$

$$\boldsymbol{\Pi}=2\boldsymbol{F}\,\frac{\partial\bar{\psi}_R(\boldsymbol{C},\ \theta)}{\partial\boldsymbol{C}},$$

$$\eta_R=-\frac{\partial\bar{\psi}_R(\boldsymbol{C},\ \theta)}{\partial\theta},$$

$$\boldsymbol{q}_R=\bar{\boldsymbol{q}}_R(\boldsymbol{C},\ \theta,\ \nabla\theta)$$

证明

$$\boldsymbol{\Pi}=-2\theta\boldsymbol{F}\,\frac{\mathrm{d}g(\boldsymbol{C})}{\mathrm{d}\boldsymbol{C}}$$

8.2　证明下列本构关系是标架无差异性的：

$$\psi_R=\bar{\psi}_R(\boldsymbol{C},\ \theta,\ \nabla\theta),$$

$$\boldsymbol{\Pi}=\boldsymbol{F}\cdot\bar{\boldsymbol{P}}(\boldsymbol{C},\ \theta,\ \nabla\theta),$$

$$\eta_R=\bar{\eta}_R(\boldsymbol{C},\ \theta,\ \nabla\theta),$$

$$\boldsymbol{q}_R=\bar{\boldsymbol{q}}_R(\boldsymbol{C},\ \theta,\ \nabla\theta)$$

8.3　根据第二类 Gibbs 关系

$$\dot{\varepsilon}_R=\frac{1}{2}\boldsymbol{P}:\dot{\boldsymbol{C}}+\theta\dot{\eta}_R$$

将能量平衡退化为熵平衡关系

$$\dot{\eta}_R=-\frac{1}{\theta}\mathrm{Div}\ \boldsymbol{q}_R+\frac{w_R}{\theta}$$

8.4　定义一个标量有效拉伸

$$\bar{\lambda} \stackrel{\text{def}}{=} \sqrt{\frac{1}{3}(\lambda_1^2+\lambda_2^2+\lambda_3^2)} \equiv \sqrt{\frac{1}{3}\mathrm{tr}\,\boldsymbol{B}}$$

给定以下橡胶类材料的特殊自由能

$$\psi_R=\bar{\psi}_R(\bar{\lambda},\ \theta)$$

(1) 推导出不可压缩材料的Cauchy应力和第一类P-K应力的主值为(仅受均匀应变)

$$\sigma_i=\mu\lambda_i^2-P,$$

$$s_i=\mu\lambda_i-P\lambda_i^{-1}$$

其中，$\mu \stackrel{\text{def}}{=} \frac{1}{3\bar{\lambda}}\frac{\partial\bar{\psi}_R(\bar{\lambda},\ \theta)}{\partial\bar{\lambda}}$。

(2) 推导出简单剪切时的剪应力为

$$T_{12}=\mu\gamma$$

其中，γ 是剪切量，μ 是广义剪切模量，假设 $\mu>0$。

8.5　给定如下形式的自由能函数 $\bar{\psi}_R(\boldsymbol{C},\ \theta)$：

$$\psi_R=\frac{1}{2}\boldsymbol{E}:\mathbb{C}\boldsymbol{E}+(\theta-\theta_0)\boldsymbol{M}:\boldsymbol{E}-\frac{c}{2\theta_0}(\theta-\theta_0)^2+o(\varepsilon^2)$$

及应力与自由能的关系

$$\boldsymbol{T}=\frac{\partial\psi_R(\boldsymbol{E})}{\partial\boldsymbol{E}}$$

求小变形下的应力张量和第一类P-K应力。

8.6　证明：密度、体力和外部热源的空间与材料形式的联系

$$\rho=[1+o(1)]\rho_R,\qquad \boldsymbol{b}_0=[1+o(1)]\boldsymbol{b}_{0R},\qquad w=[1+o(1)]w_R$$

8.7 推导应力-应变关系的逆形式

$$\boldsymbol{E}=\frac{1}{2\mu}\left[\boldsymbol{T}-\frac{\lambda}{2\mu+3\lambda}(\operatorname{tr}\boldsymbol{T})\boldsymbol{I}\right]+\alpha(\theta-\theta_0)\boldsymbol{I}$$

其中，$\alpha \stackrel{\text{def}}{=\!=} -\dfrac{\beta}{2\mu+3\lambda}$ 为热膨胀系数。

参考文献

[1] SPENCER A J M. Continuum mechanics [M]. New York: Dover publications, 2004.

[2] GURTIN M E, FRIED E, ANAND L. The mechanics and thermodynamics of continua [M]. Cambridge: Cambridge university press, 2010.

[3] 冯元桢. 连续介质力学初级教程：第3版 [M]. 葛东云，陆明万，译. 北京：清华大学出版社，2009.

[4] 赵亚溥. 近代连续介质力学 [M]. 北京：科学出版社，2016.

[5] 匡震邦. 非线性连续介质力学 [M]. 上海：上海交通大学出版社，2002.

[6] 李永池. 张量初步和近代连续介质力学概论 [M]. 2版. 合肥：中国科学技术大学出版社，2016.

[7] 王洪纲. 热弹性力学概论 [M]. 北京：科学出版社，1989.